ゆるゆる稼げる

Web
ライティングのお仕事
はじめかたBOOK

ゆらり 著

技術評論社

はじめに
- Introduction -

とりあえず拾ってもらった会社に勤めているけど、このままでいいんだろうか？　かといって、特にこれといったスキルもないし、出世欲もない。でも、今の会社にいつづける未来は想像できない。

以前本を読んで知ったけれど、わたしはHSP気質※を持っているみたいだ。気質と関係があるかわからないけど、今の働き方は結構大変だ。

ギチギチに混んでいる満員電車。たくさんの人がせわしなく働くオフィス。鳴りやまない電話。社内外から飛んでくる依頼のボール。近くのテーブルで喧嘩のような会議をしている人たち……。いろいろな事象が同時に起こると、それだけで頭がいっぱいになる。

それに、わたしは人より体力がないみたいだ。数か月に1回は熱を出してしまい、いつも3日以上寝込んでしまう。まわりを見渡してもそんな人はいない。この体質をどうにかして改善しなければ……。正直、今の働き方をあと40年以上つづける未来は想像できない。会社に縛られず、もっとゆるゆる暮らしたい。でも何をすればいいんだろう――

こんなことを考えながら働いていたら、体調を頻繁に崩すようになり、会社に行けなくなってしまいました。病院で診てもらった結果は「適応障害」。心の病気でした。わたしの頭のなかには「自分は社会不適合者なんだ。これからどうやって生きていけばいいんだろう？」という考えが渦巻いていました。「会社で働く」というシンプルなことができない。そんな人は、まわりを見渡しても自分ひとりだけでした。

申し遅れました。ライターの〝ゆらり〟と申します。先ほどのエピソードは、わたしが会社員だったときの話です。みなさんのなかに、次のような悩みを抱えている方はいるでしょうか。

※Highly Sensitive Personの略。人一倍敏感な気質のこと。

- 今の働き方をつづけるのはしんどいと思っている
- まわりで複数の事象が起こると、頭がいっぱいになって、自分の心に耳を傾けられない
- 異動や転職をして職場を変えても、人間関係がうまくいかず悩んでいる
- 会社にいつづける未来は見えない。かといって、何をしたらいいかわからない
- 自分のケアがうまくできず、頻繁に体調を崩したり、心の病気にかかったりした経験がある

以前のわたしも同じ悩みを持っていましたが、今では解消されています。会社をやめてフリーランスになり、Ｗｅｂライターになる道を選んだからです。

普段は家で仕事をしているので、オフィス勤務のように、複数の事象が同時に起こって頭がパンクすることはありません。決められた就業時間はないので、たっぷり睡眠時間を確保できています。仕事で関わる人はやさしい方ばかりで、人間関係の悩みはありません。

仕事中は基本的にひとりなので、自分の心身の状態に目が向くようになり、ケアもできるようになりました。調子が悪いときは仕事を切り上げてゆっくりすごすなど、柔軟な働き方ができています。

会社員時代のわたしは、数か月に一度熱を出して、そのたびに3日以上寝込んでいました。でも今はほとんど調子を崩さなくなり、たまに発熱してもたいてい1日か2日で治ります。

そして、Ｗｅｂライターになって5年目の今は「これからもＷｅｂライターの仕事をして生きていきたい。この働き方ならつづけられる」と思えるようになりました。昔のわたしにとって「仕事＝大変なもの、我慢するもの」でしたが、現在はビジネスパーソンとして日々喜びや成長を感じられています。Ｗｅｂライターになって、心身の面でもお金の面でも余裕が生まれ、人生が大きく変わりました。

本書では、心を病んで会社に行けなくなってしまったわたしが、未経験からフリーランスのライターになり、ゆるく暮らすためにやってきたプロセスをまとめています。

「もう会社で働くのは難しいかもしれない……。なんとかせねば」と思ったときに、Google検索して見つけた職業は「Ｗｅｂライター」。一言でいうと、Ｗｅｂにまつわるさまざまな文章を書く仕事です。ニュースメディアやコラム、ブログ、メルマガ、電子書籍など、オンラインのいたるところでＷｅｂライターが書いた文章が役に立っています。

「Ｗｅｂライター？　文章を書くなんて難しそう」「スキルがある人しかできないのでは？」「会社をやめてＷｅｂライターになって、果たして生活できるの？」このように思う方もいるかもしれませんが、Ｗｅｂライターは未経験・スキルなしでも開始できます。正しい方向性で努力をすれば、会社員のとき以上の収入も得られます。

もちろん、成果を出すためには文章力やWeb系のスキルはある程度必要です。でも、これから学べば大丈夫。最初から十分なスキルや知識を持っている人なんていません。みんな未経験・知識ゼロからのスタートなので安心してください。具体的に何をすればいいかは本文で詳しくお伝えします。

ライターをつづけて4年が経過して、会社員のときにずっと思い描いていた「ゆるゆる生活」に、かなり近づいた実感があります。理由はひとえに、Webライターの仕事をはじめたからです。

ぜひみなさんにもWebライターの仕事について知っていただき、理想のライフスタイルへの一歩を踏み出していただきたいと思っています。ではさっそく、Webライターでゆるく暮らすためのヒントを見ていきましょう！

もくじ

-Contents-

3章

Webライターの仕事を理解しよう

4章

Webライターの入口！SEO記事の基本を知ろう

7章

Webライターで成功するための時間やお金・マインドの話

書籍購入者限定特典のご案内

本書をご購入いただき、ありがとうございます。読者の皆様に2つの限定特典をご用意しました。

①プロの監修付き！　SEO記事のサンプル

本書の4章と5章で解説している内容をまとめた、SEO記事の全文です。記事の内容は、YMAAを取得されている高橋マキさんに監修いただきました。

②Webライティングのチェックリスト

Webライティングのポイントをまとめたチェックリストです。印刷して手元に置いておき、記事をつくるときや、提出前の推敲などにご活用ください。

これらの特典は、以下のLINEを友達に追加するとダウンロードできます。
LINEでは、今後開催する読者限定イベントの告知も行いますので、ぜひチェックしてみてください。

https://lin.ee/MoYuMAa

なお、これらの特典のご提供は予告なしに中止する場合があります。あらかじめ、ご了承ください。

1

Webライターになるとゆるく暮らせる理由

みなさんは今の働き方に余裕がありますか？　多くの人が「もう少しゆとりがほしい」と思っているのではないでしょうか。昔のわたしは、体力がないうえに刺激に敏感な気質を持つことから、普通に会社員として働くことすらしんどいと思っていました。でも、今はそのような悩みはなく、自分の無理のないペースで働くことが実現できています。その理由は、ひとえにWebライターになったからです。本章では、そんな「Webライター」の魅力についてお伝えします。

今の働き方に余裕はありますか？

突然ですが、みなさんは今の働き方に余裕があると言えますか？「常に忙しく働いていて、心を休める暇がない」「刺激に敏感な気質を持っていて、他の人と同じように働くスタイルがしんどい」という思いを持っている方も多いのではないでしょうか。

わたし自身がまさにそうでした。特に仕事では、平日5日間フルタイムで働くという「ごく当たり前の働き方」すら、つづけるのがしんどいと思っていました。朝に弱いから、好きな時間に出社できたらいいのに。せめて、満員電車を避けられれば体力が削られないのに……。このように、頭のなかに不満を並べていたのを覚えています。

このときの気持ちを一言でいうと「今より、もっとゆるく暮らしたい」です。場所や時間に縛られずに働きたい。人間関係に悩むことなく働きたい。自分のペースに合わせて、無理のない範囲ですごしたい。こうした思いを実現するためにはじめたのが、Webライターでした。

Webライターの仕事をはじめると、今より少しゆるく暮らせるようになります。少ない労働時間で十分な収入を得て、自分のケアをしながら働くことも可能です。Webライターの仕事をするとゆるく暮らせる理由は、次の通りです。

- 時間と場所を選ばずに仕事ができる
- 心身の状態と相談しながら働ける
- 通勤せずに在宅で働ける
- 突発的な電話がかかってこない
- 人間関係のしがらみがない

これだけでも、かなり低刺激ではないでしょうか。オンラインで仕事ができるので、時間と場所の制限はありません。働く時間は自由に選べますし、在宅ワークなので体力も奪われません。満員電車に乗ったり、イライラしている人のご機嫌を伺ったりする必要もないのです。

この仕事をはじめてから、心身がだいぶ楽になったように思います。会社員のときと比べると体調を崩す頻度も減りました。低刺激な生活ができるようになったのは、ひとえにＷｅｂライターの仕事をはじめたからです。

Ｗｅｂライターのメリットはこれだけではありません。ゆるく暮らせる以外にも、次のような魅力があります。

- 本名や顔を出さなくてもＯＫ
- パソコンとネット環境があればはじめられる

- 一生涯使えるスキルが身につく
- 自分に自信を持てるようになる
- 繊細な気質を仕事に活かせる
- 未経験からスタートして本業にできる

今の仕事に疲れている人や、在宅で無理のない働き方をしたい人に、Webライターはぴったりの仕事だと思います。大変な状態から脱出する糸口になりますし、正しい方向性でつづければ「自分はこれが得意です」と言えるスキルが身につき、会社に所属しなくても働けるようになります。

これから、その理由を1つずつ紐解いていきます。みなさんにWebライターの魅力が伝わり、「チャレンジしてみたい」と思っていただけたら嬉しいです。

今より少しゆるく暮らせる理由

Ｗｅｂライターの魅力はたくさんありますが、本書で特に伝えたいのは「Ｗｅｂライターになるとゆるく暮らせる」ということです。ですから、最初は先ほどご紹介した次のような視点から、Ｗｅｂライターの仕事についてご紹介してみたいと思います。

- 時間と場所を選ばずに仕事ができる
- 心身の状態と相談しながら働ける
- 通勤せずに在宅で働ける
- 突発的な電話がかかってこない

● 人間関係のしがらみがない

時間と場所を選ばずに仕事ができる

Ｗｅｂライターになるとゆるく暮らせる１つ目の理由は、働く時間と場所の制限がないからです。

個人で活動するＷｅｂライターは、クライアントと業務委託契約を交わして働くケースが多いです。案件によっては就業時間や職場の指定がありますが、わたしの経験上ほとんどの仕事はそういった条件がありません。ですから、クライアントとやり取りを進めつつ、原稿を書いて納期までに提出する。これさえ守れば、いつどこで働いても大丈夫です。

例として、わたしのライフスタイルの話をさせてください。

ロングスリーパー体質なので、起床時間は遅く、9時前後に目覚めます。そこから外に出て軽く散歩したり、朝ごはんを食べたりして、10時頃から仕事を開始。そこから家事や休憩時間をはさみつつ作業を進めます。早く終わったら、午後は海に行ってゆったりすごす……なんて日も。18時頃には仕事を終えて、家族の帰宅時間にあわせて夕食の用意をします。夜は家族との時間にあて、テレビを見たり本を読んだりしてまったりすごします。

このように、時間と場所を問わない働き方ができるのはWebライターの大きな魅力です。決まった時間に働くことや、指定された場所で働くことにストレスを抱えている方は、Webライターになれば低刺激な生活を実現できると思います。

心身の状態と相談しながら働ける

Webライターになるとゆるく暮らせる2つ目の理由は、心身の状態と相談しながら働けるからです。

たとえば、元気なときはバリバリ働いて、朝から夜まで執筆に明け暮れる。一方で、調子が悪いときやメンタルが落ち込んでいる時期は、早めに仕事を切り上げて心身のケアにつとめる……といった働き方もできます。

わたしの場合、労働時間は1日6時間ほど。多いときは8時間ほどになりますが、それ以上働くことは滅多にありません。一方で、少しゆっくりしたいときは、はやめに仕事を終える日もあります。たとえば、ホルモンバランスの関係で体調が悪いときや、メンタルが落ち込むときなどです。

このような働き方ができるのは、先ほどお話ししたように、Webライターの就業時間が決まっていないからです。ただし納期があるので、いくら体調が悪くても、その日に原稿を出さなくてはいけないのなら作業をします。

それでも、余裕を持って進めれば、心身の状態と相談しながら働くスタイルは実現可能です。特に、メンタルの浮き沈みがある方や、体調を崩しやすい方にとっては、ゆとりを感じられる働き方だと思います。

通勤せずに在宅で働ける

Ｗｅｂライターになるとゆるく暮らせる３つ目の理由は、通勤せずに在宅で働けるからです。

Ｗｅｂライターの仕事は基本的にオンラインで完結するので、通勤する必要はありません。知らない人と密着し、動くのもままならない満員電車に乗るのは、心地よいものではないですよね。特に刺激に敏感な人は、「電車で移動しただけなのに朝から疲れた。まだ働く前なのに……」と感じることもあると思います。

元気な時
カタ
カタ

調子が悪い時

Ｗｅｂライターになれば、そうしたストレスを感じずに、すっきりした状態で仕事をはじめられます。ときには仕事関係者のオフィスに出向く機会もありますが、毎日のように行くわけではありません。クライアントとのミーティングで何度か事務所にお邪魔したこともありますが、片手で数えられる程度の回数です。基本的にはZoomやGoogle Meetといったツールを使ってやり取りするので、通勤しないからといって仕事に支障はありません。

このように、Ｗｅｂライターは通勤のストレスがないので、毎朝の負担を大幅に軽減できます。朝から体力や気力を削られずに仕事をはじめられる点は、ゆるさにつながるのではないでしょうか。

突発的な電話がかかってこない

Ｗｅｂライターになるとゆるく暮らせる４つ目の理由は、突発的な電話がかかってこないからです。突発的な電話対応は、会社員なら誰しも経験があるのではないでしょうか。

作業を中断して頭を切り替える力。顔が見えない相手の話を聞く集中力。的確な返答をするコミュニケーション力。怒っている相手をなだめる包容力……。このように、さまざまなスキルを使って脳をフル回転させるので、電話対応はかなり大変だと思います。

一方、Webライターの仕事では、基本的に電話はかかってきません。コミュニケーションにはチャットツールやメールを使い、必要であればオンライン会議をします。もちろん、ときには急ぎの要件もあります。でも、コミュニケーションツールですぐにやり取りできる状態になっていれば、電話はかかってきません。

突発的な電話対応がないだけでも、仕事のストレスは大きく低減できます。「今より少しゆるい働き方」に近づくことができるのです。

オフィス勤務

在宅Webライター

人間関係のしがらみがない

Webライターになるとゆるく暮らせる5つ目の理由は、人間関係のしがらみがないからです。

人間関係の悩みは、仕事をするうえで避けて通れないものですよね。職場や取引先に苦手な人がいる。でもコミュニケーションを取らないといけない……。社会人なら、誰にでもこんな経験はあると思います。Webライターの仕事なら、このような負担を感じる回数を減らせます。

理由は複数あるのですが、1つは、先ほどお伝えしたように在宅で働けるからです。基本的にひとりで仕事を進めるので、他の人とコミュニケーションを取る回数が物理的に減ります。その分、苦手な人と接触する時間もなくなります。

ただ「人と話す時間が少ない」とはいえ、仕事を進めるうえで他の人とのやり取りをゼロにすることはできません。そのなかには、相性がよくない人ももちろんいます。

ここから、もう1つの理由につながるのですが、Ｗｅｂライターの仕事では、苦手な人と無理にやり取りをつづける必要はありません。仮に取引先や仕事仲間に苦手な人がいたとしても、対処法があるからです。

たとえば、どうしても相性が合わないのであれば、キリのいいところで業務委託契約を終えたいと申し出るのも1つの手段です。会社を退職するのと同様に、相手の業務に支障が出ないように進めれば、大きなトラブルにはなりません。会社員の場合は働く相手を選べませんが、個人で働くＷｅｂライターは相手を選べます。

人間関係のストレスをゼロにできるのは、ゆるく働きたい人にとって嬉しい点ではないでしょうか。

会社員

Webライター

Ｗｅｂライターになる
その他のメリット

ここまで、Ｗｅｂライターをはじめるとゆるく暮らせる理由をお伝えしてきました。その他にも、Ｗｅｂライターにはいろいろなメリットがあります。たとえば、はじめるハードルが低いことや、つづけるうちにスキルが身につくこと。ひいては、自分に自信がつくことも大きな魅力です。

ここからは、Ｗｅｂライターになるその他のメリットについて、１つずつご紹介していきますね。

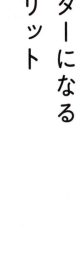

本名や顔を出さなくてもOK

Webライターの仕事は、本名や顔を出さなくても進められます。Webライター初心者が登竜門として利用するクラウドソーシング（インターネット上で、企業や個人が仕事を受発注できるサービス）では、匿名やイラストアイコンでも仕事を受注できるからです。最初の会員登録時には本名や住所などの個人情報を利用しますが、あらかじめ「非公開」に設定しておけば全体には公開されません。

わたしも、Webライターになったばかりのときは匿名、かつイラストのアイコンを使って仕事をはじめました。最初のペンネームは今と同じ「ゆらり」。アイコンはココナラという仕事依頼サービスを使って、デザイナーさんにつくっていただきました。

もちろん、お客さんとのミーティングの場では顔を出し、本名もお伝えしています。ただ、インターネット上に公開されている情報では、本名や顔は積極的に出していません。

それでもお客さんと信頼関係を構築でき、仕事に困ることはありませんでした。

抵抗がなければ、本名や顔写真を公開するのもアリです。情報を開示したほうが信頼度が高まるので、仕事の依頼が増えるかもしれません。ただ「オンラインで仕事をするのがはじめてなので、情報を出すのに不安がある」「まずは副業からはじめたいので匿名がいい」このような方は、無理に情報を開示しなくても大丈夫です。

パソコンとネット環境があればはじめられる

Webライターは、パソコンとネット環境があればはじめられます。

Webライターの必需品と会社員の必需品を比べると、準備するものの多さが違います。たとえば女性の営業職なら、仕事用のオフィスカジュアルの服やストッキング、コスメ、パンプス、通勤バッグ、名刺入れ……と、準備するものが盛りだくさん。仕事をはじめるのに必要なものをそろえるだけでも大変ですよね。

一方、Ｗｅｂライターに必要なものはパソコンとネット環境。まずはこの2つがあれば大丈夫です。パソコンのOSはMacかWindowsどちらでも大丈夫ですが、迷ったらWindowsがおすすめです。原稿執筆にMicrosoft Wordを使うケースがあるので、最初からWordが搭載されているパソコンだと安心です。

パソコンは、高額なものでなくても

大丈夫。わたしがWebライターの仕事をはじめたときは、家電量販店に行って5万円ほどのLenovoのノートパソコンを買いました。ただ、使っているうちに動作の重さが目立つようになり、1年ほどでMicrosoftのSurface Proに買い替えました。今もSurfaceのノートパソコンを使いながら記事を書いています。ネット環境は家に開通している回線があれば十分です。

このように、Webライターの仕事は「チャレンジするハードルが低い仕事」と言えます。在宅で働けるので、部屋着にすっぴんでも大丈夫です！

一生涯使えるスキルが身につく

Webライターの仕事を経験すると、一生涯使えるスキルが身につきます。

みなさんは「自分にはこのスキルがある！」と言えるものがありますか？　なかなか

思い浮かぶものがない方もいるかもしれませんね。

昔のわたしは、自信をもってアピールできるスキルを持ち合わせていませんでした。「営業職ではあるものの、先輩たちが築いた下地があるから仕事が成り立っているだけで、別に営業は得意でもないし好きでもない」と考えていました。そう思っているうちに、社会人の経験年数だけは増えていきます。「このままだと特にスキルのない平凡OLになりそうだな。どうしたものか……」と、漠然とした不安を抱えていました。

しかし、Webライターになってからはさまざまなスキルが身についたように思います。具体的には文章力や構成力、編集力、情報収集力、マーケティング力などです。こうしたスキルを活かせば、働き方やライフステージが変わっても仕事に困ることはありません。仮にみなさんが会社をやめることになっても、スキルがあれば個人で生きていけるでしょう。

スキルが身につけば「わたしはこの分野が得意」と言えるようになります。さらにビジネスパーソンとしてもレベルアップできて、仕事が楽しくなります。

もしみなさんが「自分にはスキルがない。仕事でアピールできるような強みがない」と思っているのなら、その解決策として、Ｗｅｂライターという選択肢をおすすめしたいです。

自分に自信を持てるようになる

Ｗｅｂライターの仕事をはじめると、自分に自信が持てるようになります。理由はいろいろありますが、特に大きいのは「自分の力で稼ぐ経験を積めるから」です。

会社に勤めると、基本的には固定給をもらいますよね。自分で稼いできたお金というより、会社のお金をもらっているようなイメージではないでしょうか。

一方、Ｗｅｂライターになると、毎月固定給を払ってくれる会社はありません。自分で仕事を探して営業して、報酬を得る必要があります。

初心者のうちは、こうしたステップを踏むのは大変です。コネなし・ツテなしのゼロからの営業に怖さを覚える人もいるでしょう。でも、大変なステップを踏むからこそ、報酬をいただけたときの喜びはひとしおです。「自分の力で稼いだお金だ」という実感を得られるからです。

単価の高さ・低さに関わらず、自分の力で稼いだ経験には大きな価値があります。こうした経験をすると、ビジネスパーソンとしての自信が育っていきます。

繊細な気質を仕事に活かせる

みなさんのなかにはＨＳＰ気質をお持ちの方、いわゆる「繊細さん」もいらっしゃると思います。実はこの繊細な気質は、Ｗｅｂライターの仕事に活かせます。

繊細な人の特徴の1つ「人の気持ちに寄り添える」は、Ｗｅｂライターに欠かせないスキルです。人の気持ちに寄り添えると、読者やお客さんなど、仕事をするなかでさまざまな人の役に立ちます。

たとえば、読者の知りたい悩みを想像して、満足度の高い記事を書けます。また、忙しいクライアントに寄り添って、手間をかけさせないメッセージを送ったり、先回りした仕事をしたりもできます。

これらはほんの一例で、その他にも役立つシーンはさまざま。たとえば、ＨＳＰならではの「深く考える」という気質も執筆時に活かせます。「もっと良質な情報があるんじゃないか？」「この文章で本当にいいんだろうか？　わかりやすいだろうか？」と思考を重ねると、よりよい原稿ができあがるからです。

わたしは強度のHSP気質を持っていて、人に意見を伝えたり、自分をアピールしたりするのが苦手です。でも、HSP気質が長所になって「ゆらりさんとのコミュニケーションは心地いいです」「ゆらりさんの書く文章はやさしくて安心できます」と言っていただけることがあります。

このように、繊細な気質はWebライターの仕事との相性がバツグンです。ご自身が繊細だと自覚されている方は、Webライターの仕事に、その気質を活かせるのではないかと思います。

未経験からスタートして本業にできる

Webライターは未経験からスタートして、ゆくゆくは本業にできる仕事です。わたし自身、Webライターになって初月の報酬はたったの1万円でした。でも1年後には、収入額は月30万円ほどに伸びました。5年目の今は、会社員のとき以上の収入をコンスタントに得られています。

「それってゆらりさんだからできたのでは?」と感じる方もいるかもしれませんが、そんなことはありません。それまで記事を書いた経験はなく、特別な経験やスキルも持ち合わせていませんでした。文章の基本も、Webライティングの基本も、一から学び直しました。みんな最初は未経験なので、右も左もわからない状態でも大丈夫。これから学べばいいのです。

Webライターになるために必要な知識は、勉強すれば身につけられます。文章力に関する本を読んだり、YouTubeを見たり、先輩ライターのSNSやブログを読んだりしてイメージをつかみましょう。

そこから先は実践あるのみです。実際に仕事にチャレンジしたり、SEO記事を書いたりして文章力を磨くのです。このあたりのプロセスについては、次の章以降で詳しく解説します。

未経験でもチャレンジしやすく、がんばれば本業にもできることはWebライターの大きな魅力です。「会社にいつづける未来が見えない。個人で働ける仕事をしてみたい」という方は、ぜひWebライターを視野に入れてみてください。

1章のまとめ

1章では、Webライターで低刺激な生活が実現できる理由を紹介しました。
内容をおさらいしましょう。

Webライターになるとゆるく暮らせる理由

- 時間と場所を選ばずに仕事ができる
- 心身の状態と相談しながら働ける
- 通勤せずに在宅で働ける
- 突発的な電話がかかってこない
- 人間関係のしがらみがない

Webライターになるその他のメリット

- 本名や顔を出さなくてもOK
- パソコンとネット環境があればはじめられる
- 一生涯使えるスキルが身につく
- 自分に自信を持てるようになる
- 繊細な気質を仕事に活かせる
- 未経験からスタートして本業にできる

このように、Webライターは魅力だらけの仕事です。在宅でできて、好きなときに働けるので、自分の無理のないペースで仕事を進められます。

わたしはこの働き方に切り替えてから、体調を崩す頻度が比較的少なくなり、ビジネスパーソンとして自信が持てるようになりました。以前思い描いていた「今より少しゆるっと暮らしたい」という想いも、実現しつつあります。

みなさんにも、ぜひWebライターという職業を選択肢の1つとして考えていただけたら嬉しいです。

一歩を踏み出すのには勇気がいるかもしれませんが、大丈夫です。次章から仕事をするのに必要なマインドや、やるべきことをじっくり解説していきます。

まずはWebライターの魅力を知って「やってみたいな!」と感じていただけたら嬉しく思います。

2

Webライターになるための準備をしよう

本章では、Webライターになる前に準備したいことをお伝えします。「自分でもWebライターになれるのかな?」「向いているのかわからない」という方は、最初にWebライターに向いている人とそうでない人の特徴を紹介するので、当てはまるかどうかチェックしてみてください。

そして「自分にもWebライターはできるかも!」と感じたら、次に紹介する準備の方法を読んでみてください。きっと新たな可能性が広がっていくはずです。

Webライターに向いているのはこんな人

1章を読んで、Webライターの魅力をご理解いただけたでしょうか？「気になるけれど、自分にできるかわからない」「Webライターになれる自信がない」という方もいらっしゃるのではないかと思います。そこでこの章では、Webライターに向いている人の特徴を紹介します。Webライターを名乗るだけなら簡単ですが、仕事としてつづけるためには向き不向きを知ることも大事です。必要な適性を紹介しますので、チェックリストだと思って読んでみてください。

章の後半では、Webライターをはじめるにあたって準備したいものや心構えをまとめています。「Ｗｅｂライターの仕事が向いているかも！」と思ったら、こちらの内容を読みながら準備を進めていってください。

それでは、Ｗｅｂライターに向いている人をご紹介します。箇条書きにすると、次の通りです。

- 文章を書くのが苦ではない人
- 日本語の基礎がわかる人
- 自分で調べて知識をつけられる人
- まじめに取り組める人
- 相手に配慮できる人
- 長期視点でコツコツ取り組める人
- 新しいことにチャレンジできる人

このように、Webライターになるために特別な素養や資質は必要ありません。基本のスキルをコツコツと習得して、仕事をするうえでのマナーをおさえれば大丈夫です。

これらの条件に当てはまるものが多ければ、Webライターになってから成果を出せる可能性が高いでしょう。当てはまるものが少なくても、少しずつ勉強したりマインドセットを変えたりしていけば問題ありません。以降で、詳しく見ていきましょう！

文章を書くのが苦ではない人

文章を書くのが苦ではない人は、Webライターに向いています。ライターの仕事は基本的に「書く作業」がメインだからです。これまで1500本以上の記事を執筆・チェックしたわたしの経験上、1記事あたりの文字数は少ない場合だと3000字程度。多いと1万文字以上に及びます。

執筆以外の事務作業やお客さんとのミーティング、メールのやり取りなどもありますが、メインはとにかく執筆です。1日の大半は誰とも話さず、パソコンと向き合ってキーボードをたたきつづけます。

そのため、文章の執筆に苦手意識や抵抗感があると、Webライターの仕事は苦痛になるかもしれません。とはいえ、「文章が苦手な人は絶対にWebライターの仕事ができない」とも限りません。継続すれば「文章を書くバイタリティ」は養えるからです。

もし「Ｗｅｂライターに興味がある。でも文章の執筆が苦手かも……」と思った方は、まずは日々の気づきや学びをＳＮＳでアウトプットしてみましょう。特に、短文を投稿できるＸ（旧Twitter）や、日記のように使えるnoteなら使いやすいと思います。積極的に発信をつづければ執筆に慣れますし、楽しさも感じられるはずです。

「わたしは文章を書くのは苦手ではないけど、好きでもない。それでもＷｅｂライターにはなれるの？」このように思った方もいらっしゃると思います。結論からいうと問題ありません。好きに越したことはありませんが、「苦ではない」と思えるなら継続できるからです。

わたしの経験上、好きだと思わなくても、得意と言い切れなくても、「苦ではない」という感覚があれば仕事にできます。文章を書くことが苦でなければ、Ｗｅｂライターにはなれるので安心してください。

日本語の基礎がわかる人

日本語の基礎がわかる人も、Webライターには向いています。文章を正しく、わかりやすく伝えるためには言語構造を知っておかないといけないからです。難しい知識は必要なく、国語の授業で習うような基本が頭に入っていればOK。

たとえば、主語と述語、修飾語と被修飾語、助詞や接続後の使い方などがわかれば、おかしな文章を書くのを防げます。これらが抜けた状態だと、要点がまとまらず、何を伝えたいのかわからない記事になる可能性が高いので、Webライターになる前に勉強しておきましょう。

「国語の知識なんてない」「もう忘れてしまった」「どちらかというと苦手だった……」と思った方も、心配しないでください。今までずっと日本語を話して生きてきたのですから、あとは正しい使い方をおさらいするだけです。

日本語の基礎を学べる本はたくさんあります。わたしは『文章力の基本』（阿部紘久著）、『新しい文章力の教室』（唐木元著）などの本を読んで基礎を復習しました。文章力にまつわる本には、日本語の正しい使い方や具体的な文例が詳しく書いてあるので初心者の方にもおすすめです。

自分で調べて知識をつけられる人

自分で調べて知識をつけられる人も、Ｗｅｂライターに向いています。未経験からＷｅｂライターの仕事をスタートすると、疑問や悩みが数えきれないほど出てきます。しかし、手取り足取り教えてくれる人がいるわけではないので、自分で調べて進めないといけません。

たとえば、記事を作成する際にまず出てくる疑問は「どうやって書けばいいのか？」です。次のように、いろいろな壁にぶつかるはずです。

- どんな文章から書きはじめたらいいのか?
- 最初のパートにはどんな情報を盛り込んだらいいのか?
- 次のパートにつなげるためにはどうやって締めたらいいのか?
- 少し書いてみたけれど、そもそもこんな文章で大丈夫だろうか?

しかし、いちいちクライアントに質問するわけにはいきません。クライアントは大量のライターを抱えていて、一日に何十人とやり取りしているかもしれないからです。そのうちのひとりから何回も質問がきたら、返信するだけで一日が終わってしまいます。何度もクライアントの時間を奪っていると、次から仕事の依頼がこなくなる可能性が高まります。

そのため、Webライターには「自分で調べる力」が欠かせません。文章を書くコツやWeb記事のつくり方は、Google検索で調べればたくさんの情報が出てきます。わからないことがあったら、次の順番で解決しましょう。なんでもかんでも人に質問しようとするのはＮＧです。

①人に質問する前に、まずは自分で考える
②わからなければGoogle検索して、情報収集する
③それでもわからなければ、方向性を考えたうえで質問する

能動的に疑問を解決していくと知識が身につき、自分の血肉になっていきます。自分で情報収集して答えを見つけられる人なら、Ｗｅｂライターとしてレベルアップしていけるでしょう。

まじめに取り組める人

まじめに取り組める人も、Ｗｅｂライターには向いています。たとえば、納期を守る。メッセージをなるべく早く返す。依頼された仕事をきちんとこなす。といった内容です。

わからないことがあったら…
① まずは自分で考える
② わからなければ
Google検索で情報収集
Google
③ それでもわからなければ
方向性を考えた上で質問

「そんなの当たり前じゃん！」と感じる方も多いと思いますが、こうした基本ができないWebライターは意外といるようです。フリーランス仲間と話していると「地雷ライター（きちんと仕事ができないライター）」の話をときどき耳にします。

地雷ライターのエピソードは枚挙にいとまがありません。事前に納期を伝えていたのに、当日になったら「書き終わらないので後日提出します」と連絡がくる。質問したのに、1週間以上メッセージが返ってこない。執筆マニュアルを渡したのに、蓋をあけたら自分勝手なルールで執筆されている……といった具合です。

Webライターの仕事はオンラインでできるので、クライアントと顔を合わせないときもあります。自分の身元を明かさずにすむので、中途半端な気持ちで取り組む人が少なからずいるのかもしれません。しかし、いくら専門的な知識があり、洗練された文章が書けたとしても、仕事の基本ができないのならプロとは言えません。これからWebライターの仕事をがんばるのなら、誠心誠意取り組む姿勢を持ちましょう。

とはいえ、それほど心配する必要はありません。社会人の基本を守れるのなら大丈夫です。みなさんが「そこまで適当な仕事はしないよ」と思えるのなら、Webライターの作業もつつがなく進行できるはずです。

相手に配慮できる人

相手に配慮できる人も、Webライターに向いています。Webライターの仕事には、読者、仕事を発注するクライアント、ライターの記事をチェックするディレクターなど、さまざまな人が関わります。このような人たちに配慮ができると、信頼関係を構築できます。

たとえば、相手の稼働時間に合わせてメッセージを送信する時間を選ぶのも、1つの配慮です。仕事をはじめる際に「連絡が取りにくい曜日や時間帯はありますか？」と確認すれば、迷惑がかかるのを避けられます。

相手に配慮をせず、曜日や時間を気にしないで夜にメッセージを送ったら……相手が寝ているときにメッセージを送ってしまい、スマホの通知音で起こしてしまうかもしれません。

このような相手への配慮は必ず伝わります。小さなことに思えるかもしれませんが、「ちりも積もれば山となる」という言葉のように、信頼関係も少しずつ積み重なるものです。「配慮できる自信がない」と思う方は、今できなくてもこれからできるようになれば問題ありません。まずは相手の稼働時間を意識するなど、小さな心がけからはじめればOKです。

長期視点でコツコツ取り組める人

長期視点でコツコツ取り組める人も、Webライターに向いています。正直、Webライターはすぐに稼げる仕事ではありません。「1か月以内に本業と同じくらいの収入を得たい！」と思って挑戦しても、実現するのはなかなか難しいと思います。

こう思うのは、わたし自身が身をもって経験したからです。Ｗｅｂライターの仕事を知った当時はすぐに独立したかったので、「3か月以内に月20万円稼げるようになろう」と考えていました。でも、Ｗｅｂライターをはじめた1か月目の収入はたったの1万円。この状態からどうやって売上を伸ばせばいいのか、まったく想像がつきませんでした。ましてや3か月以内に月20万円なんて、夢のまた夢です。

そこで「今のＷｅｂライターの収入＋1～2万円なら、がんばれば伸ばせるかも。月2万円ずつ増やせば、10か月後には月20万円になる」と考えを改めました。実際そのようにして1年後には月30万円に到達し、その後も順調に売上が伸びていきました。

「そんなに時間がかかるのか……」とがっかりした人もいるかもしれません。でも、人生のなかの1年間だけがんばれば、会社をやめて独立できるんです。そう考えるとやる気が湧いてきませんか？　今は「人生100年時代」といわれています。100年のうち1年がんばるだけでスキルが身について、自分の好きな働き方ができるなら、チャレンジする価値は大いにありますよね！

「すぐに稼ぎたい」ではなく「1年かけてもいいから長期で取り組める」というマインドを持てるなら、Ｗｅｂライターはおすすめの仕事です。

新しいことにチャレンジできる人

新しいことにチャレンジできる人も、Ｗｅｂライターに向いています。オンラインの世界は変化のスピードが速く、生き残るためには新しいことに取り組みつづける必要があるからです。たとえば、最近は生成ＡＩが台頭して、つい数年前まで主流だったＷｅｂ記事のスタイルが変わろうとしています。そんなときに必要なのは、新しい何かにチャレンジする勇気です。

今までと同じことをつづけていたら、その仕事はＡＩに取って代わられるかもしれません。でも、ＡＩがすべての作業を完璧にできるわけではないですよね。まだまだ人の手が必要な分野はたくさんあります。そんな「必要とされる仕事」をするために、新しいチャレンジをしていきましょう。

とはいっても、大きな挑戦をする必要はありません。今までの仕事の延長線上を見据えればＯＫです。Ｗｅｂ記事を書く仕事から派生したインタビュー記事や、ライティングを教える仕事など、チャレンジできることはいろいろあります。

「新しいことか……。あまりチャレンジできる自信がないな」と感じた人もいるかもしれません。でも、今まさにみなさんが「この本を読んでいる」という行為も、新しいことへのチャレンジと同じことです。みなさんは、Ｗｅｂライターに興味があり、仕事をやってみたいから本書を手に取ってくれたのだと思います。その時点で新たな一歩を踏み出しているので、自信をもって大丈夫です！

Webライターに必要なアイテム

ここからは、Webライターの一歩を踏み出すための準備についてお伝えします。最初に、Webライターにとって必要なアイテムを紹介します。「マストアイテム」は次の2つ。

- パソコン
- インターネット環境

「あると便利なアイテム」は次の3つです。

- PCモニター
- 作業用のデスクとイス
- 会議用のマイクとカメラ

それぞれ、詳しく見ていきましょう。

パソコン

Webライターの仕事をするにあたって、パソコンはマストアイテムです。1章でもお伝えした通り、高額なものでなくて大丈夫。ノートパソコンがあれば十分仕事はできます。機能性は高ければ高いほどよいですが、予算におさまる範囲内で好きなものを選びましょう。

たまに「スマホだけでWebライターの仕事はできますか？」という質問をいただき

ますが、個人的にはおすすめしません。パソコンでタイピングするほうが執筆スピードが圧倒的に速く、その他の作業もパソコンを使ったほうが効率よく進められるからです。

スマホを使った執筆もできますが、移動中のすきま時間に記事を書くなど、パソコンと併用するスタイルなら効率がいいと思います。

インターネット環境

インターネット環境も、Webライターの仕事には欠かせません。自宅にある光回線やWi-Fiを使えばOKです。ただ、無線だと電波が悪いときがあるかもしれないので、必要に応じて有線LANも使える状態にしておくと安心です。

インターネット環境で注意したいのは、公共のフリーWi-Fiを使わないこと。カフェにあるようなフリーWi-Fiは、簡易的なセキュリティ対策しかされていないケースもあります。大切な情報が流出しないよう、外で作業をするときはスマホのテザリング機能か、モバイルルーターを使うといいでしょう。

PCモニター

ここからは「マストではないけれどあると便利なアイテム」を紹介します。まずはPCモニター。パソコン用ディスプレイと呼ばれるような、ノートパソコンに接続して画面を投影するモニターです。

Ｗｅｂライターはずっとパソコンと向かい合って仕事をするので、ノートパソコンのような小さな画面だと疲れてしまいます。ＰＣモニターがあれば画面を分割したり、執筆画面を大きく表示したりできるので、１つは持っておきたいアイテムです。

参考までに、わたしはAmazonで購入した23インチのＰＣモニターを愛用しています。1～2万円ほどで買えるので、予算に余裕があればノートパソコンと一緒に購入するのをおすすめします。

作業用のデスクとイス

次に、作業用のデスクとイスも持っておきたいアイテムです。座卓でも執筆はできるのですが、体に負担がかかってしまいます。

わたしはローテーブルと座椅子で一日中仕事をしていたところ、腰と足を痛めてしまいました。しかも、ある日とんでもない出来事が起こりました（少し汚い話なので、食事中の方は読み飛ばしてください）。仕事の休憩中にトイレで用を足したら、なんと大量の血が出たんです！　特に思い当たる節がなく、まったく痛みもなかったので「なにか大きな病気になったのでは!?」と頭が真っ白になりました。

病院で診てもらったところ、幸い大きな病気ではなく「軽度の内痔」でした。当時は20代だったので「この年齢で痔になるなんて……！」と、かなりショックでした。正直この本に書くのも恥ずかしいのですが、読者のみなさんの健康被害を防ぐためにエピソードをつづりました（笑）。

他にも、膝がいきなり曲がらなくなり、痛みで数日間歩けなかったことも何回かありました。座卓に座りつづけたから、膝に負担がかかったのでしょう。その後はディノスの家具レンタルサービスに申し込んで、デスクとイスを使いはじめました。同じ環境で3年ほど作業をつづけていますが、足腰やおしりの状態が悪くなったことはありません。

作業環境は、Ｗｅｂライターの健康状態を大きく左右します。みなさんの体を守るためにも、座卓での作業はやめて、作業デスクとイスの用意を強くおすすめします！

会議用のマイクとカメラ

最後に、会議用のマイクとカメラ。Ｗｅｂライターの仕事は基本的にひとりで作業する時間が多めですが、面談やミーティングの参加は避けて通れません。

クライアントと話すときに顔が暗く見えたり、音声に雑音が入ったりすると、円滑なコミュニケーションがしづらくなります。仕事の進め方に影響が出る可能性もあるので、会議用のマイクとカメラを買っておいたほうがいいでしょう。

参考までに、わたしが使っているのは Blue Yeti のマイクと、Logicool のカメラです。

こうした機材は絶対に必要というわけではありませんが、あれば安心です。専用のカメラがあれば顔がハッキリと明るく見えますし、マイクがあれば雑音のないクリアな音声を届けることができます。

お客さんと信頼関係を築くチャンスを逃さないためにも、会議専用のマイクとカメラは用意しておきたいところです。

Webライターの一歩を踏み出すためにやっておきたいこと

Webライターになるにあたって必要なアイテムの準備ができたら、いくつかやっておきたいことがあります。ここで紹介することをやらずにいきなりWebライターになると、苦労するかもしれません。わたしの経験から「これをやっておけばよかった！」「こんな心構えでいるとよいかも」と思う内容を紹介していきます。

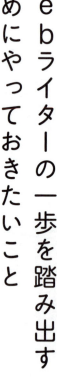

Webライターの情報を見てみる

Webライターの仕事をする前に、自分より少し先をいく人の情報を見てみるのはおすすめです。「こんな仕事があるんだ」「1日の作業量はこのくらいなんだ」と、働き方をイメージしやすくなるからです。

それに、SNSを活用すると、自分と同じようにがんばる人たちとつながりを持てます。Webライターになりたい人が家族や友達のなかにひとりもいなかったら、かなり寂しいですよね。でも、SNSを使えばWebライターになりたい人はたくさん見つかります。そうした縁を探すためにも、SNSはおすすめです。

特におすすめなのは、手軽に使えて利用者が多いX（旧Twitter）やInstagramです。先輩ライターがリアルな情報をたくさん発信しているので、ご自身の好みにあったプラットフォームを活用してみてください。わたしはXやInstagram、Voicy（音声配信アプリ）を使って情報収集したり、ライターやフリーランスの働き方について発信したりしています。興味がある方は、わたしのアカウントを覗いていただけると嬉しいです。

独立前に金銭面の準備をする

ここで少しお金の話をしたいと思います。「いますぐＷｅｂライターになって会社をやめよう」と、いきなり独立するのは危険です。

繰り返しになりますが、Ｗｅｂライターはすぐに生活できるほど稼げる仕事ではありません。仮に勢いで会社をやめてＷｅｂライターになり、まったく稼げなかったら……焦りがつのる一方、貯金は減っていくばかり。これでは心が疲れてしまいますし、いつか限界がきます。

独立するのなら、事前にしっかりと金銭面の準備をしておくべきです。そのほうが心が安定して、Ｗｅｂライターの仕事のパフォーマンスも高くなります。

Ｗｅｂライターとしての独立を視野に入れるなら、まずは貯金をしましょう。少なくとも1年分の生活費くらいの金額があれば、すぐに成果が出なくても心の平穏を保ちながら仕事に取り組めると思います。

また、独立してWebライターになると個人事業主になるので、一般的な会社員のような額の退職金をもらえません。年金も2段階ではなくなるので、自分で老後の資金をたくわえる必要があります。そのため、可能であれば、つみたてNISAやiDeCoなどの仕組みを使って、将来のマネープランも考えてみましょう。

お金の余裕は心の余裕につながります。心に余裕があれば、仕事のパフォーマンスも上がるものです。背水の陣で会社をやめてWebライターになるのは、精神衛生上あまりおすすめしません。独立を見据えている方は、お金の準備もしっかり考えてみてくださいね。

独立を見据えるのならまず副業する

これからWebライターを目指すなら、まずは副業としてはじめるのがいいと思います。わたしは会社員時代に心を病んでしまったので、副業をする時間はほとんどありませんでした。でも当時に戻れるなら、会社員の仕事をしながら副業でライティングをはじめます。

なぜなら、本業があれば当面はお金の心配をしなくていいからです。本業の収入があれば、Webライターの収入がなかなか上がらなくても生活自体はできます。副業We bライターの仕事が軌道に乗れば、副収入を得られて少し贅沢な体験もできるでしょう。週末に旅行したり、家族と格式高いレストランに行ったりするのもいいかもしれません。

それに、Webライターの副業が安定してきたら、「本業にしても大丈夫」と思えるようになります。たとえば週末の土曜日をWebライターの仕事に費やして、仮に1万円分の報酬がもらえる状態になったとしましょう。1日に1万円を生産できるのなら、本業で月20日間稼働したら合計20万円になります。

これは単純計算した場合なので、必ずこの通りにいくとは限りません。でも、月あたり20万円あれば、節約しつつひとりで暮らすのには十分な金額だと思います。

このように、Webライターになるのなら、最初は副業からはじめて少しずつ活動していくのがおすすめです。軌道にのったら独立の準備をするのが、金銭面、精神面など総合的に見てリスクが少ない方法だと思います。

2章のまとめ

2章では、Webライターとして知っておきたいことや準備したいもの、心構えを紹介しました。あらためておさらいしましょう。

Webライターに向いている人

- 文章を書くのが苦ではない人
- 日本語の基礎がわかる人
- 自分で調べて知識をつけられる人
- まじめに取り組める人
- 相手に配慮できる人

- 長期視点でコツコツ取り組める人
- 新しいことにチャレンジできる人

Webライターに必要なアイテム

- パソコン
- インターネット環境
- PCモニター
- 作業用のデスクとイス
- 会議用のマイクとカメラ

Webライターの一歩を踏み出すためにやっておきたいこと

- Webライターの情報を見てみる
- 独立前に金銭面の準備をする
- 独立を見据えるのならまず副業する

Webライターになるのに、特別なスキルや専門性は求められません。やろうと思えば、すぐにWebライターを名乗って活動をはじめることもできてしまいます。でも、Webライターに向いている人の「適性」はあります。それは、一言でいうと「コツコツ地道につづけるマインド」ともいえます。日本語の基礎をおさらいしたり、独立を見据えて少しずつ貯金をしたりと、そんな地味な作業がWebライターを本業にするためには必要です。

「そんな適性は自分にはないかも」と思う人もいるかもしれませんが、マインドはあとからでも変えられます。わたしも最初から適性があったのではなく、うまくいっている人のマインドを取り入れたり、方法をまねたりしただけです。ですので「Webライターをやってみたい！」と思ったら、本章で紹介したアイテムをそろえて、一歩を踏み出す準備をしてみてください。自分に足りないものは、これから補っていけば大丈夫です。

3

Webライターの仕事を理解しよう

ここからは、Webライターの仕事内容や単価の考え方、取引するクライアントの例を解説します。一言でWebライターといっても、仕事内容やすすめ方はさまざまです。この章では、これからWebライターになる初心者の人が歩みやすい方法をピックアップしてまとめました。Webライティングの概要を理解すれば、なんとなく仕事のイメージが湧いてくると思います。案件に着手する前に基本をおさえて、まずはざっくりでいいので理解を深めてくださいね。

Ｗｅｂライターの仕事内容

ここからは、Ｗｅｂライターの仕事について紹介します。具体的な仕事内容や単価の考え方、取引するクライアントの例などをまとめています。Ｗｅｂライターの仕事内容や進め方は多岐にわたりますが、わたしの経験から代表的なパターンをいくつかピックアップしています。

章の後半では、Ｗｅｂライターになるための5つのステップを書いています。こちらは仕事内容やクライアントに関係なく、初心者Ｗｅｂライターにおすすめの方法です。これからＷｅｂライターにチャレンジしたいとお考えの方は、参考にしてみてください。

それでは、最初にWebライターの仕事内容についてご紹介します。Webライターの仕事のなかでもっとも多いのは「SEO記事の執筆」です。SEOとは"Search Engine Optimization"の略。日本語で「検索エンジン最適化」といいます。一言でいうと、Google検索をしたときに記事が上位に表示されるための施策です。

たとえば、Webライターになりたい人は「Webライター はじめ方」「Webライター 初心者」といったキーワードをGoogleの検索窓に打ち込んで、自分のほしい情報が載っているページを探します。このような「Googleを使って調べものをする人」に向けて、疑問や悩みを解消する情報を届けるのがSEO記事です。SEO記事の詳細については次章でがっつり解説するので、ここでは概要を理解いただければと思います。

Webライターの仕事は、SEO記事以外にもたくさんあります。参考までに、思いつく仕事を箇条書きにまとめました。

- 文字起こし
- 校正、編集
- ディレクション
- セミナーの記事化
- インタビュー記事
- LP（ランディングページ）の執筆
- メルマガの執筆
- Kindle（電子書籍）の出版サポート
- 紙の書籍の編集協力
- オンラインサロンやセミナーのライティング講師
- SNS運用代行
- YouTube のシナリオづくり
- 公式LINEのメッセージ作成

悩み中
Google
初心者
初心者Web
ライターはじめ方
悩み解決

これ以外にも、挙げようと思えばもっとたくさんの仕事が出てきます。何が言いたいかというと、「Ｗｅｂライターの仕事はめちゃくちゃ幅広い」ということです。オンラインで文章にまつわるコンテンツは、ほぼ全部Ｗｅｂライターの仕事になりえます。わたしのまわりにも、複数の仕事をしているＷｅｂライターはたくさんいます。そのような人たちは、最初はＳＥＯ記事や文字起こしからスタートして、だんだん幅を広げていって校正や編集、インタビューなどにチャレンジしています。

もちろん、紹介した仕事すべてをできるようになる必要はありません。大事なのは、いろいろな選択肢があると知っておくことです。

いかがでしたでしょうか？　まだ仕事のイメージがわかない方も多いかもしれませんが、「Ｗｅｂライターの仕事の種類は幅広いんだ！　何をやってみようかな？　ワクワクするジャンルはどれかな？」という視点を持ってみてください。実際に仕事をはじめるときに、さまざまなキャリアパスが見えてくると思います。

Webライターの単価の考え方

次に、Webライターの単価の考え方をお伝えします。単価については、例として次のようなパターンがあります。

- 記事単価：1記事あたりの単価が決まっている　㈸1記事あたり5000円
- 文字単価：1文字あたりの単価が決まっていて、文字数に応じて報酬が変わる　㈸文字単価1円
- 時給単価：執筆にかけた時間に応じて報酬が決まる　㈸時給1500円
- 固定給：月や週あたりの固定給が決まっている　㈸月あたり3万円

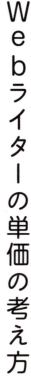

わたしの経験上、特に多いのが記事単価と文字単価の考え方です。記事単価と文字単価は、どちらも計算方法はシンプルです。記事単価なら、1本あたりの単価が固定されています。たとえば約3000文字の記事1本が3000円なら、月10本こなせば単純計算した合計報酬は3万円です。

一方、文字単価で計算する場合は、おおよその目安はわかるものの、実際の文字数に応じて報酬額が変動します。たとえば文字単価1円なら、3000文字書けば報酬は3000円。4000文字書いたら報酬は4000円です。ただ、文字数が多ければいいというわけではなく、たいていは事前にクライアントから「3000文字前後を目安に書いてください」といった指示があります。

以前のわたしは「文字単価計算なら、文字数を増やせば報酬が上がる！」と考えていましたが、このような下心を持って執筆するのはやめましょう。理由はいくつかありますが、1つは、不要な情報が増えるとメッセージが伝わりにくくなるからです。読みにくい記事は、読者ファーストとは言えません。

もう1つの理由は、自分の報酬を優先して取り組むような姿勢はお客さんに伝わるからです。「自分の報酬を上げるために文字数を増やすライター」とお付き合いしたい人はいませんよね？　目先の単価にまどわされずに、読者やお客さんに満足してもらえる記事を書くことが重要です。

ここまでの内容をいったんまとめておくと、Ｗｅｂライターの単価は記事単価、もしくは文字単価で考えるケースが一般的です。時給や固定報酬の案件も存在しますが、基本的にはこなした量に応じて報酬をいただける「成果報酬型の仕事」が多いです。

Webライターが取引するクライアントの例

Webライターが取引するクライアントはさまざまですが、大きく分けて2つのパターンがあります。

- 企業：自社のWebメディアを持つ企業、Webメディアの運用代行をする企業、出版社など
- 個人：ブロガー、インフルエンサー、Webライター、Webエンジニアなど

それぞれについて詳しくお伝えしていきます。

企業とやり取りするケース

まずは企業と取引するケース。Webメディアを持つ企業や、Webメディアの運用代行をする企業、出版社などが当てはまります。

たとえば、インターネット回線を売っている会社が、インターネットに関するお役立ち情報をまとめたWebメディアを持っているとします。メディアを伸ばすためには、たくさんの記事をアップする必要がありますが、自社の人員だけでは人数が足りません。そんなときに出てくるのがWebライターです。記事の執筆作業をWebライターに外注して自社の工数を削減する、というイメージですね。

わたしの経験上、Webライターは企業担当者とやり取りするケースが多々あります。失礼にあたらないよう、ビジネスマナーも心得ておきたいところです。

Webライターに外注
仕事
仕事
仕事
仕事
仕事
仕事
人手が足りないっっ
自社
Web
メディア
運用代行
SNS
出版社

個人とやり取りするケース

次に個人とやり取りするケース。個人の場合も取引相手は幅広く、ブロガー、インフルエンサー、Webライター、Webエンジニア、ひとり経営者などさまざまです。

同業のWebライターから仕事をいただくケースもよくあります。人気のWebライターには依頼が殺到し、ひとりではさばききれない案件を抱えていることもあります。そんなときに、まわりのWebライターに声をかけて仕事を発注するのはよくあることです。わたしもブログ制作代行、メルマガ作成、インタビューなど、先輩ライターからいただいた案件がたくさんあります。

Webライターの仕事は「対企業」だけでなく、「対個人」の案件も豊富です。この視点を持つと仕事をいただけるチャンスが増えるので、営業するときにぜひ覚えておいてくださいね。

Ｗｅｂライターの仕事のはじめ方

ここからは、Ｗｅｂライターの仕事のはじめ方をお伝えします。はじめるときのステップは、大きく分けて次の５つです。

①Ｗｅｂライティングの勉強をする
②クラウドソーシングに登録する
③プロフィールをつくる
④ライティング案件を探す
⑤提案文をつくって応募する

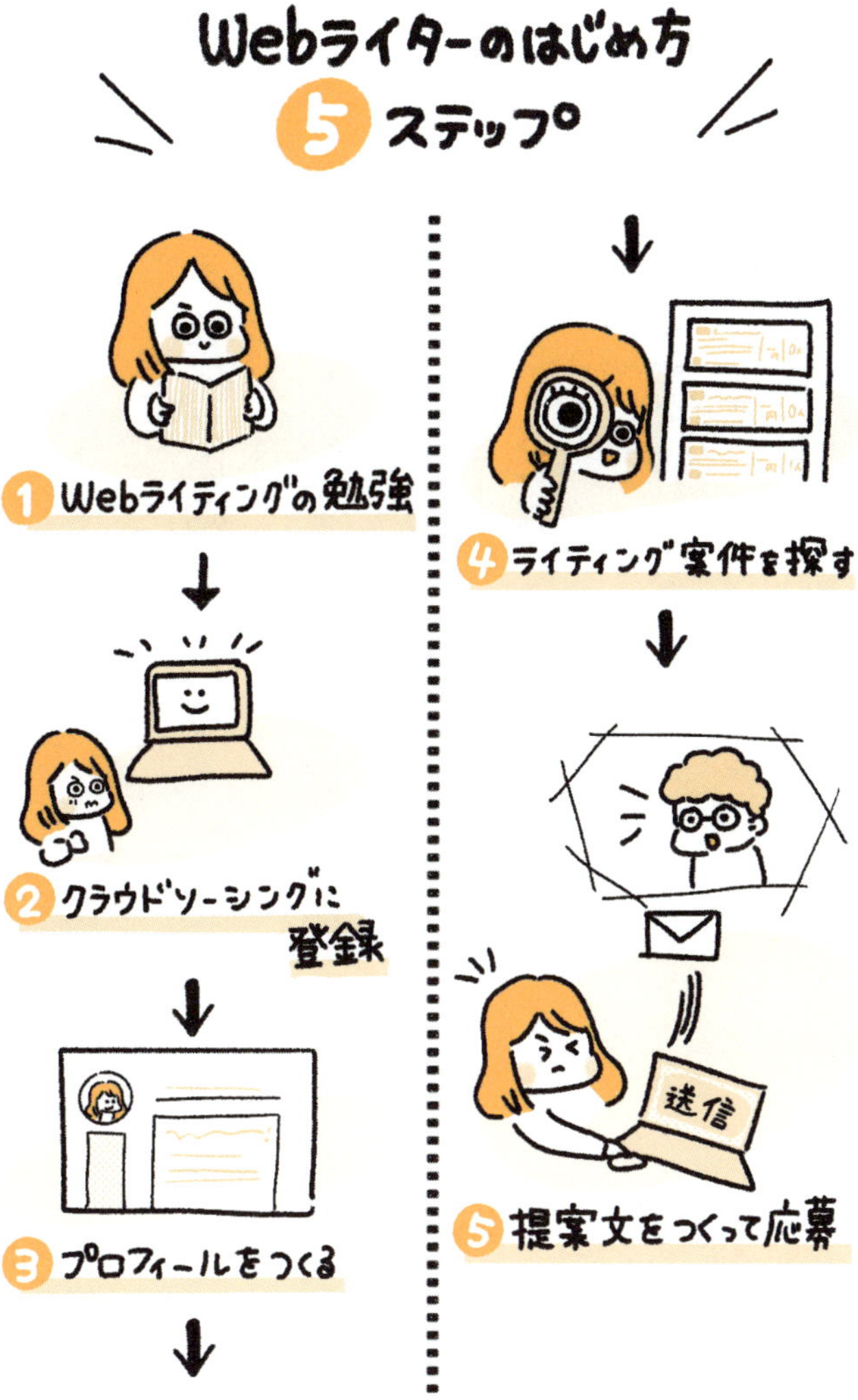
Webライターのはじめ方
5ステップ
1 Webライティングの勉強
2 クラウドソーシングに登録
3 プロフィールをつくる
4 ライティング案件を探す
送信
5 提案文をつくって応募

それぞれのフェーズで知っておきたい知識や、取り組みたいことについて、解説していきます。

①Ｗｅｂライティングの勉強をする

まずはＷｅｂライティングについて勉強しましょう。Ｗｅｂライティングとは、Ｗｅｂに適した文章の書き方のこと。Ｗｅｂライティングの基本がわかれば、さまざまなシーンで応用がききます。ＳＥＯ記事、インタビュー記事、メルマガなど、どのコンテンツにもＷｅｂライティングの知識は活用できます。

すこし余談になりますが、たまに、この「学ぶフェーズ」をスキップしてＷｅｂライターになる人を見かけます。でも、Ｗｅｂライティングについて学ばないまま仕事をはじめても、絶対に成果は出ません。

知識をつけないままWebライターになるのは、楽器を触ったことがないのに「俺はバンドマンになる！」というのと同じようなものです。生まれつきの才能があれば売れっ子のバンドマンになれるかもしれませんが、そういう人はごくわずかですよね。有名なバンドマンは、ほぼみんな基本をおさえているはずです。

ですから、Webライターになりたいのなら、必ずWebライティングの勉強をしましょう。本書で基本的な知識はお伝えしますので、何度も読み返して理解を深めていただければ幸いです。

②クラウドソーシングに登録する

次のステップは、クラウドソーシングの登録です。クラウドソーシングとは、仕事の募集者と応募者をオンラインでマッチングさせるサービスです。Webライターをはじめとした、さまざまな仕事の募集が行われています。

なぜクラウドソーシングを最初の一歩におすすめするかというと、未経験者でも仕事を獲得しやすいからです。大手のクラウドソーシングサイトには案件数が豊富にあり、無料かつ匿名で使えるため利用しやすいのです。

また、クラウドソーシングを使うとWebライターの仕事に対するイメージをつかみやすくなるのも、おすすめする理由です。クラウドソーシングでは「まずはプロフィールをつくりましょう」「仕事に応募しましょう」「メッセージを送りましょう」など、次にやることを示してくれます。この手順に従えば、仕事の一連の流れを把握できます。慣れてくれば、クラウドソーシング以外の場所で仕事を獲得したときにも、作業をスムーズに進められるでしょう。

初心者の方におすすめのクラウドソーシングは、ランサーズとクラウドワークスの2つです。どちらも大手のクラウドソーシングサイトで、案件が豊富にあるので初心者向けの登竜門としてよく使われています。

クラウドソーシング
仕事をたのみたい
仕事を受けたい
募集者
応募者
(ライターなど)

- ランサーズ

https://www.lancers.jp/

- クラウドワークス

https://crowdworks.jp/

この他にもクラウドソーシングサービスはたくさんありますが、最初から複数に登録するのではなく、まずは1つか2つに絞って利用するといいでしょう。サービスを絞る理由の1つは、利用するサービスが多すぎると情報を追うだけで時間が経過してしまうからです。クラウドソーシングには大量の案件があるので、「募集要項を眺めるだけで1時間経ってしまった……」なんてことも起こります。

仕事に対するイメージをつかむのは大切ですが、眺めているだけで仕事をはじめられないのは、同じ場所で足踏みをしている状態と同じです。Ｗｅｂライターの仕事をがんばるのなら、登録するサービスを絞って「行動する時間」を確保しましょう。

サービスを絞るもう1つの理由は、クライアントの評価がたまりやすくなるからです。クラウドソーシングでは、過去に取引した相手が自分に対する評価をつけるレビュー欄があります。仕事ぶりや質の高さ、やり取りのしやすさなどを、星5段階でお互いが評価するのです。お店の口コミと同じ仕組みですね。

星の数は多いに越したことはありません。それに、レビューの数が多ければ多いほど、たくさん仕事を任されている証拠になり、新規の仕事を獲得しやすくなります。しかし複数のクラウドソーシングを同時に使うと、自分に対するレビューの数が分散されてしまいます。ですから、最初は1つか2つにとどめてレビュー数を蓄積しましょう。おすすめは、ランサーズかクラウドワークスのどちらかをメイン、どちらかをサブとして使うスタイル。どちらも機能性は同じなので、使いやすいサービスをメインにすれば問題ありません。

③プロフィールをつくる

3つ目のステップは、プロフィールの作成です。クラウドソーシングに登録したら、最初につくるのがプロフィールです。まずは名前や画像の決め方についてご紹介します。

プロフィールの名前

プロフィールの名前＝Webライターのペンネームです。できれば本名のほうが信頼度が高まりますが、匿名でも問題ありません。しかし、ペンネームはあくまでも仕事をするためのもの。信頼を損ないそうな名前は避けたほうが無難です。

たとえば「ゆるゆるゆらりちゃん」という名前のライターには、あまり仕事を依頼する気にはなれませんよね（笑）。人によっては「ふざけてるのかな？」と思うかもしれません。わたしは「ゆらり」という名前で活動していますが、それでも怪しさを感じる方もいると思います。今からペンネームを決め直せるのであれば、「望月ゆり」のように、実名ではないけれど本名のような名前にすると思います。

また、名前はなるべくシンプルで読みやすいものを選びましょう。たとえば、次のような名前はどちらもおすすめできません。

(例)

△ yuruyuruyurari

△ 湯瑠湯瑠有羅利

英語や漢字が多い名前は、パッと見て読みづらいですよね。複雑な名前は覚えにくく、印象も薄くなってしまいます。ですから、ペンネームにはなるべくひらがなやカタカナを使いましょう。長くせずに、シンプルな名前にするといいと思います。

プロフィールの画像

プロフィールの画像も、慎重に選びたいポイントです。可能であれば顔出しするのが理想ですが、イラストや似顔絵でも構いません。その際は、なるべく「人の顔らしさ」がある画像にしましょう。

一方、風景やペットの画像はおすすめしません。人の姿がないと印象に残りにくいからです。キャラクター画像も、仕事を請け負うＷｅｂライターのプロフィールには不向きです。当たり前ですが、法律に抵触するようなキャラクター画像や、芸能人の画像などもやめましょう。

従って、プロフィールの画像には自分の実写画像か、実写にしたくないのであれば人の顔を表すアイコンや似顔絵を選ぶのがいいと思います。

ただし、無料で使えるフリー素材だと、他の人と重複したり、既視感を持たれたりする可能性があります。たとえば、フリー素材のサービスで有名な「いらすとや」の画像は、一目で「いらすとやのテイストだな」とわかってしまいますよね。

アイコンは「ココナラ」という仕事依頼サイトを使えば、1000円前後でつくってもらえます。簡単にオリジナルアイコンができあがるので、そういったサービスの利用も検討してみてください。

- ココナラ

https://coconala.com/

プロフィール文に盛り込む内容

クラウドソーシングには、名前と画像の他に、自分の情報を詳しく書く「プロフィール欄」があります。基本的には次のような内容を記載します。

- 経歴
- 実績、意気込み
- 稼働状況
- 提供できる価値

それぞれについて、詳しく見ていきましょう。

経歴

経歴は、プロフィールに必須の項目です。「どんな仕事をしてきたのか」を伝えると、相手に安心感を与えられます。差し支えなければ大学名や社名など、できる限り詳しく記載したほうが信頼性が高まります。ただし身バレしたくない場合は、ぼかして書いても問題ありません。仕事内容に関する記事を書きたいのなら、何年業務に従事していたのか、どんな業務に携わっていたのかも記載するといいでしょう。

実績

プロフィールには、実績も記載します。今までに書いた記事の内容や案件の情報を書くと、スキルや知見をアピールしやすくなります。実績には文字数や記事本数など、数字を盛り込むの

がポイントです。「初心者なので具体的に書ける実績がない……」という方は、次のように仕事に関する意気込みを記載するのもおすすめです。

(例)

- 納期を厳守します
- メッセージには24時間以内に返信します
- ○日までにご依頼をいただければ、×日以内に初稿を提出します

また、書きたいテーマや得意分野があるのなら、積極的にプロフィールに記載すると、営業しなくても依頼の打診をいただける可能性が上がります。

稼働状況

稼働状況や連絡の方法も、プロフィールに盛り込みたい項目です。相手の顔が見えないクラウドソーシングでは、相手の不安をぬぐうことがもっとも大切。稼働時間や返信

できる時間、使えるツールなどを書くと安心感を持ってもらえます。特に、スムーズに連絡ができるかどうかは、オンラインのやり取りでは非常に重要な要素です。自分が稼働できる時間とそうでない時間は、あらかじめ相手に伝えておきましょう。

提供できる価値

プロフィールに載せる項目のなかでもっとも重要なのが「提供できる価値」です。過去の経験や得意な分野、学んだ知識をもとにアピールポイントを探しましょう。もしアピールできる点がないのなら、「現在○○を学んでいて、執筆するときに○○を心がけています」と書くのもおすすめです。

ここまでの内容をまとめたプロフィールのテンプレートが、次ページです。アレンジしてご活用ください。プロフィールは常に誰かがアクセスする可能性があります。実績やアピールポイントが増えたときは、随時更新しておきましょう。

ご覧いただきありがとうございます。〇〇と申します。
30歳のWebライターです。現在は東京都に住んでいます。やわらかなイメージの記事執筆や、デジタル分野の執筆を得意としています。

【経歴】
・都内の私立大学を卒業
・新卒で通信企業に入社→システムインテグレータへ転職（2014年4月～）
・ライター活動を開始（2020年4月～）

【執筆実績のあるジャンル】
・ミニマリストの本、貯金術の紹介（7,000字×2本）
・働き方改革、テレワークのコラム（2,000～3,000字×7本）

【稼働状況】
・メッセージは毎日確認しておりますので、24時間以内に返信いたします
・副業ライターのため、平日9時から17時は返信できない可能性がございます。平日の夜や土日は基本的にすぐ返信いたします
・ChatworkやSlackなどのチャットツールを使ったやり取りも可能です

【提供できる価値】
・30代前後の女性に向けたやわらかな文章の執筆が得意です
・システムインテグレータの勤務経験があるため、ITやデジタル分野の知見を持っています
・SEOについては動画や本を読んで学習しています。記事を書くときは、根拠にもとづいた正確な情報を記載するよう心がけています

お仕事の相談はお気軽にご連絡ください。よろしくお願いいたします。

④ライティング案件を探す

4つ目のステップは、ライティング案件探しです。クラウドソーシングの「ライティング案件」を見て、挑戦できそうな仕事がないか探してみましょう。

ライティング案件を探すときのコツは主に2つあります。1つは、自分のモチベーションを保てない案件は避けること。2つ目は、経験を語れるジャンルを選ぶことです。1つずつ解説していきます。

モチベーションを保てない案件は避ける

まず1つ目について。モチベーションを保てない案件は避けましょう。たとえば、明らかに低単価の案件（文字単価0.01円など）は、やる気を維持するのが難しいと思います。なかには「低単価で発注して自分の儲けを大きくする」というマインドの発注者もいます。疲弊する未来が見えるのなら、応募するのは控えましょう。最初は文字単価1円前後を目安に探すのがおすすめです。

ただ、単価が低い、もしくは無報酬の案件でも、次のようなメリットがあるのならチャレンジする価値はあります。

- フィードバックをもらえて、ライティングの経験を積める
- 記事にWebライターの名前が載るので実績にできる
- 憧れの人と一緒に働ける可能性がある

ライターのモチベーションは、記事の品質に影響します。つまり、自分のやる気次第でクライアントの満足度も変わるのです。

ライターにやる気があるかどうかは、記事の品質に如実にあらわれます。「適当に書いているな」「やる気がないんだな」というニュアンスは、文面から伝わるものです。自分のためにもお客さんのためにも、モチベーションを保てる仕事に応募しましょう。

経験を語れるジャンルを選ぶ

案件を探す2つ目のコツは、経験を語れるジャンルを選ぶことです。いざ仕事に応募しようと思っても、「自分に書けそうな記事がない」「得意な分野や趣味も特にない」と困るケースがあると思います。

わたしも同じ悩みを持っていて、最初の頃は新規の案件にまったく応募できませんでした。タブを開いて募集要項を読み、「自分にはできなさそうだ」と思い、閉じる。また新たなタブを開いて閉じる……の繰り返し。

そんなときに役立つのが「自分の経験を語ること」です。たとえば、わたしが一番最初にいただいた案件は「ミニマリスト」に関する記事でした。以前ミニマリストの本を何冊か読んで断捨離した経験があったので、応募文でアピールしたのです。

ミニマリストの案件の次は、テレワークに関する記事を書きました。わたしはテレワークのプロではありませんでしたが、前職でテレワークを経験したことをアピールし、記事のテーマ案を添えて応募文に記載しました。

このように、その道のプロでなくても、経験さえあれば、はじめて取り組む内容の記事であっても書くことができます。自分には書ける記事がない、なんてことはありません。自分の過去をさかのぼれば、書ける内容は必ず見つかるはずです。ものすごく得意なジャンルでなくてもいいので、経験を語れるライティング案件がないか探してみてください。

⑤提案文をつくって応募する

最後のステップは、提案文の作成と応募です。挑戦したい案件が見つかったら、「提案文」をつくってクライアントに送ります。提案文とは、志望動機や略歴、自己ＰＲなどをまとめて、仕事に応募する際にクライアントに提出する文章です。

提案文は、クライアントとはじめてやり取りをする「第一印象を決める場」です。適当につくったり、コピペしたりした提案文はすぐにわかります。ですから、案件ごとに内容をカスタマイズして、相手に刺さる提案文をつくりましょう。

提案文に盛り込みたい項目は次の5つです。

- 挨拶・自己紹介
- 経歴・略歴
- 実績（もしくはやる気）
- 自己PR
- 補足と締めの文章

提案文をつくるときに、前提としてお伝えしたい内容が2つあります。1つ目は、クライアントから指定されたフォーマットがあるなら、その内容に従って書くこと。フォーマットにない項目を書いたり、質問に答えなかったりすると「ちゃんと募集要項を読んでいない」とマイナス評価になるからです。これから紹介する項目はあくまで参考程度にして、フォーマットがある場合はそちらを優先してください。

2つ目は、これから紹介するすべての項目を盛り込む必要はない、ということ。「長すぎる提案文は読む気が失せる」と思う人もいるからです。すべて記入すれば丁寧な印象になりますが、相手がサクサクやり取りしたい人であれば、必要な箇所だけピックアップして盛り込みましょう。

では、1つずつ内容を解説します。

挨拶・自己紹介

最初は簡単な挨拶と志望動機を書きましょう。副業ライターで会社員の仕事はシステムエンジニア、もしくは専業ライターなど、自分が何をしているのか肩書を入れると親切です。

経歴・略歴

自己紹介につづいて、経歴・職歴をできる限り詳しく記載します。信頼性を高めるなら、履歴書のように具体的に書くのが理想。ただし、身バレしたくない方は、ぼかして書いても問題ありません。

なお、このパートでは信頼性を得ることが目的なので、案件に関係のない情報は伝えなくてOKです。たとえば、英語に関連する記事の応募なら「英文学科出身でTOEIC800点を取得しました」と伝えるのはアピールポイントになります。しかし、まったく関係ない分野の案件なら、英語に関するプロフィールは不要です。

実績（もしくはやる気）

スキルがわかるような実績(公開許可をもらった記事や自分のブログ)を載せます。実績は、応募する案件と関連性が高いものを優先的に書くのがおすすめ。数が多い場合は、提案文には2〜3個のみ記載し、残りは別サイトにポートフォリオ（実績集）としてまとめると親切です。提案文はあくまでも見やすさが大切なので、実績をモリモリにして長文にならないよう注意してくださいね。

仕事をはじめたばかりで実績がない場合は、仕事に対するやる気をアピールしましょう。「誠心誠意取り組みます」のような言葉でもいいですが、精神論のように感じる人もいるかもしれません。

その場合は、「ご連絡をいただいた場合はなるべく早くお返事いたします」や「未経験のジャンルですが、根拠にもとづいた情報を収集いたします」のように、働き方をアピールしてもいいと思います。

自己PR

自己PRでは、案件に貢献できる点をアピールしましょう。一番大事な部分なので、内容によってカスタマイズします。もしアピールできるスキルや実績がなければ、仕事をするにあたって心がけていることを書きます。

補足と締めの文章

最後は補足と締めの文章です。補足では、募集要項から読み取れなかった「これから摺り合わせたい内容」や「申し送り事項」を書きます。ただし、提案文全体が長くなりそうなら書かなくても問題ありません。最後に、念押しの一言と「よろしくお願いいたします。」を付け加えましょう。

必要な項目をまとめた提案文のテンプレートは次ページのようになります。内容をアレンジし、適度に箇条書きや改行を入れて見やすく仕上げてください。

はじめまして。フリーランスのライターをしている○○と申します。条件に合ったご提案ができると思い、応募のご連絡を差し上げました。

◆略歴
2014年　○○大学を卒業
2014年　○○会社に就職し営業職に従事
2019年　○○会社へ転職し営業職に従事
2020年　フリーランスライターとして独立
2021年　○○メディアの制作に携わる ...

◆実績
・○○メディアにて記事を執筆
URL：〜〜〜
・○○メディアにて記事を執筆
URL：〜〜　...

その他の記事はポートフォリオにまとめております。
URL：〜〜

◆自己PR
以前○○会社に勤めていたので、今回の案件に関する知見があります。また以前○○メディアの案件をお請けした経験があり、似た要件の記事制作を○件以上こなしてきました。

◆補足
仕事を進めるにあたって以下の点をご確認・ご教示いただけると幸いです。

・○日までにご依頼いただけましたら、7日以内に初稿を提出いたします。
・報酬の税別、税込がどちらかわからなかったので、いったん税別の金額を記載しております。修正が必要であればお申し付けください。

ご確認よろしくお願いいたします。

最後に、やり取りの際は即レスを心がけておりますので、スムーズなコミュニケーションができるかと存じます。必要に応じてZoomミーティングなどもできますので、お気軽にご連絡ください。ぜひご検討のほどよろしくお願いいたします。

また、提案文をつくるときは次の点に気をつけましょう。

- 自信のなさの表れになるので「初心者です」は言わない
- どの案件にも出せるような提案文のコピペはしない
- 提出前に推敲して誤字脱字をチェックする
- なるべく早く応募する

「なるべく早く応募する」理由は、期日ギリギリになると応募者が殺到して、しっかり読んでもらえない可能性があるからです。これらのことに気をつけて提案文をつくれば、仕事をいただける確率は大きく上がるはずです。

提案文の決め手となる指標は文章の丁寧さやわかりやすさ、知識や実績の有無などいろいろありますが、なかでも特に大事なのは「熱量」です。わたしの知っているライターさんは、完全未経験の状態から「このメディアが大好きです!」「発注いただいた際には、このメディアのよさをたくさんの人に知ってもらえるよう全力で執筆します！」と、とにかく熱量をアピールしてはじめての案件を獲得したそうです。そのように考えると、提案文は「ラブレター」ともいえそうですね。

繰り返しになりますが、提案文はクライアントとはじめてやり取りをする、非常に大事な場所です。ここでいかにアピールできるかが、その後の成果を左右するといっても過言ではありません。心をこめた渾身の提案文をつくりましょう。

提案文を出したあとの仕事の流れ

提案文を出したあとの仕事の流れについて、簡単に解説します。箇条書きにすると、次のようなイメージになります。

①案件を探す
②提案文を出す
③必要に応じてテストライティングや面接をする
④合格すると本採用にいたる

提案文を出したあとは、必要に応じてテストライティングや面接を行います。テストライティングとは、試しに記事を1つ書いて実力をクライアントに見てもらうためのものです。たとえば「酢味噌のつくり方について、3000文字の記事を書いてください」のように、お客さんからテーマや条件をいただき、指定の期日までに記事を提出します。テストライティングの評価によって継続発注の有無が決まるので、全力で記事を書きましょう。

テストライティングに加えて、Web上でZoomやGoogle Meetなどのツールを使って面接をするケースもあります。面接では「志望理由」「この案件に採用されたら貢献できる点」などを話します。面接の目的は基本的には就職活動と同じで、124ページのような観点から評価されます。就活と同じマインドで取り組めば、大きな失敗は避けられるでしょう。そして合格に至ったらライターとして本採用され、その後も継続してお客さんとやり取りをします。

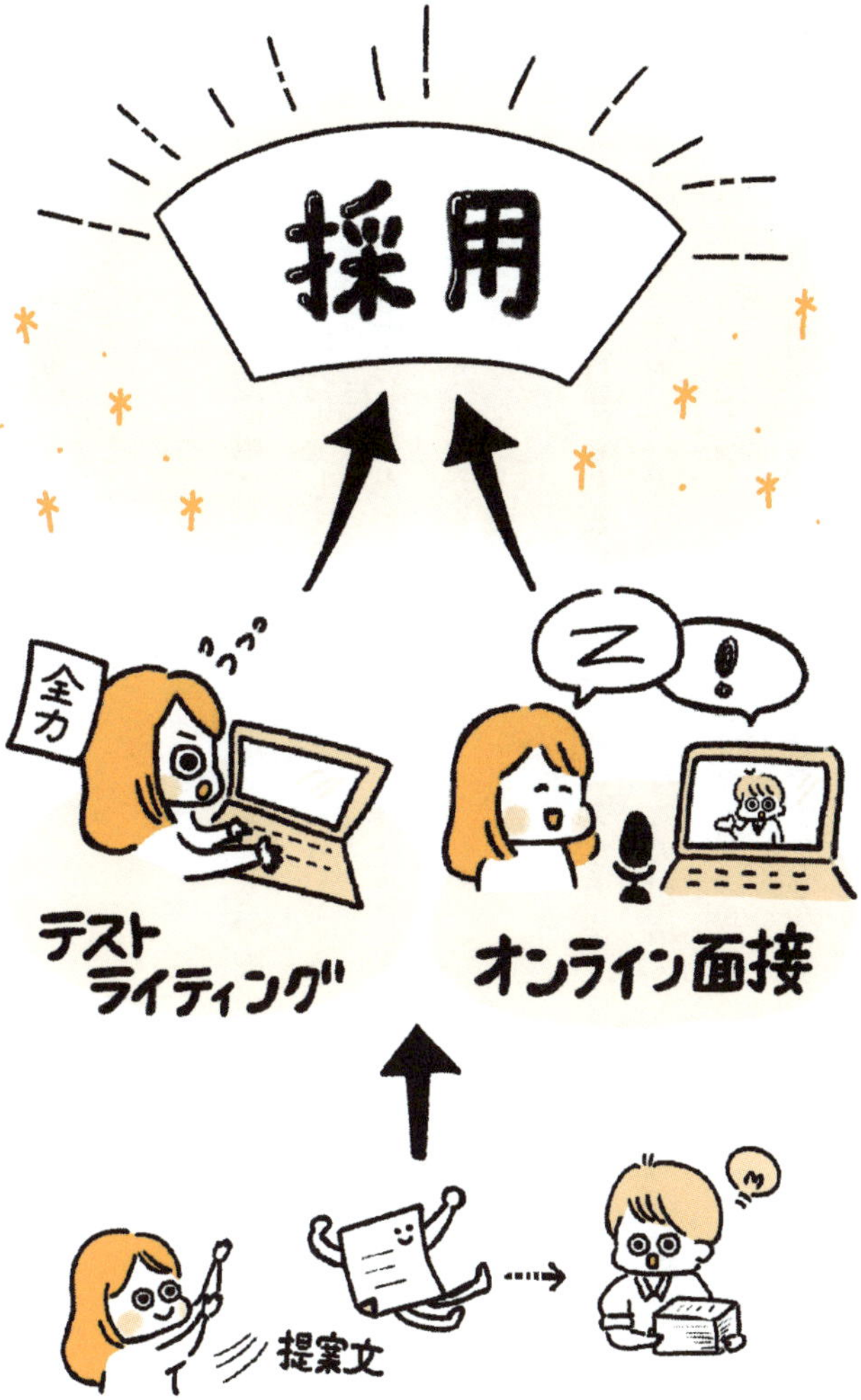
採用
全力
テスト
ライティング
Z
!
オンライン面接
提案文

- 人柄に問題がないか
- ビジネスマナーを心得ているか
- きちんと仕事をしてくれそうか

ここまで全体の流れを簡単に説明しましたが、最後まで簡単にいける人はそういません。昔のわたしは「10件応募して全部受かったらどうしよう……。そんなキャパシティはない！」と心配していましたが、まったくの杞憂に終わりました。勇気を出して応募しても、ほぼ受からなかったからです。

初心者が応募しても採用されない理由はいろいろありますが、要因の1つは、副業や在宅ワークの人気が高まり、Webライターになる人が増えているから。人気の案件には、100人以上が応募することもあります。つまり、ライバルがたくさんいるのです。ですから、初心者の頃は、応募した案件に全部受かるなんてそうありません。「10件応募して1件返事がきたらラッキー」くらいの感覚で、どんどん応募しましょう。

COLUMN

仕事をするのが怖いときは

ここで少しマインド面の話をしておきます。「Webライティングの案件を探して仕事をはじめましょう」と言われて、「さっそく仕事をやってみるなんて怖い」「もっと勉強しないとできる気がしない」こんな風に思う方もいるかもしれません。気持ちはとてもわかります。

「もしお客さんに満足してもらえなかったらどうしよう」「キャパオーバーになって、納期に間に合わなかったらどうしよう」わたしも最初の案件に挑戦するときはこう思っていました。

でも、そんな不安を解消するためにも、仕事をやってみるべきです。実際にやってみないと、うまくいくかはわかりません。意外とあっさり進むかもしれないし、優しいお客さんに出会えるかもしれません。実際にやってみないと、不安はなくならないんですよね。

最初の一歩を踏み出した経験は、大きな自信になります。たとえ小さな額の報酬でも、「自分の力でお金を稼いだ」という経験ができるからです。足踏み状態から抜け出すためには、勇気を持ちましょう。挑戦をつづけていけば、新しいことに取り組むハードルは驚くほど下がっていきます。

怪しい案件の見極め方

Webライターの仕事は大半が健全なビジネスですが、なかには詐欺まがいの案件がありますす。そのような仕事に引っかからないために、怪しい案件を見極めるコツを紹介しますね。

たとえば「文字単価10円」というフレーズを使って、たくさんのライターの注目を惹きつける案件。蓋を開けてみると、1件目の仕事は文字単価は0.1円からスタートします。

応募したあとに

「0.1円の記事を30記事納品したら、文字単価を1円にします。そこから徐々に文字単価が上がり、最大10円も目指せます」

といった内容が個別メッセージで届くのです。これでは、文字単価10円になるのはいつになるのやら……と思ってしまいますよね。

この例では実際に仕事を発注しているからまだいいものの、高額な情報商材を売ろうとしたり、怪しいセミナーの案内をしたりする人もオンラインの世界には存在します。

たとえば怪しいセミナーを案内するケース。先ほどの案件と同じように、高単価で応募しやすい条件を記載してライターを集めます。応募すると、次のようなメッセージが届きます。

「すでにこの案件は定員数が埋まってしまいました。代わりに、公式LINE限定で高い報酬を得られるビジネスセミナーを案内しているので、登録してみてください」

……怪しいにおいがする文面ですよね。おそらく登録したあとは「簡単に稼げるビジネスモデルを紹介します。これを学べば誰でも月100万稼げます」といった巧みな言葉を使って講座を紹介し、高額な受講費を請求されるのでしょう。

クラウドソーシングには、このような悪意を持った利用者もなかにはいます。上記は一例にすぎず、他にも多種多様なパターンがあります。参考までに、怪しい案件を見極めるヒントをまとめました。

- 高単価かつ誰でも応募しやすいジャンル
- 応募後に外部のサービスやセミナー、公式LINEなどに誘導される
- 相手のプロフィールが空欄。取引履歴が1件もない。本人確認が完了していない
- 30記事納品した後にまとめて報酬を振り込むなど、他案件と比べて支払いのタイミングが遅い
- 「作業に入る前にこの講座を買って学んでください」など、金銭の支払いを要求される

「少しでも当てはまったら絶対に詐欺案件」というわけではありませんが、1つの目安として頭の隅にとどめていただければと思います。

そもそも、クラウドソーシングを使った外部サイトへの誘導や、他のサービスの斡旋は規約違反です。こうした案件について、運営会社はさまざまな対策を講じていますが、オンラインの詐欺案件は完全にはなくなりません。Webライターの仕事をするならいつかは出くわす、と思っておくくらいが丁度いいでしょう。少しでも怪しいと思ったら、やり取りを進めずに規約を見直したり、運営会社に相談したりしてくださいね。

3章のまとめ

3章では、Webライターの仕事の概要と、活動をはじめるための5つのステップを紹介しました。あらためておさらいしましょう。

Webライターの仕事の概要

- Webライターの仕事内容は幅広い！　基本はSEO記事が多いが、その他に文字起こしやディレクター、インタビューなどいろいろな仕事がある
- Webライターの単価の多くは、文字単価や記事単価で考える
- 取引相手はWebマーケティング企業やメディア運営をする企業から、個人のインフルエンサー、経営者、フリーランスまでさまざま

Webライターの仕事のはじめ方

①Webライティングの勉強をする
②クラウドソーシングに登録する
③プロフィールをつくる
④ライティング案件を探す
⑤提案文をつくって応募する

Webライターになるにあたって、事前にやるべきこと、知っておきたい知識はたくさんあります。一気に覚えられなかったとしても問題ありません。全部できなくても問題ありません。無理のないペースで、1つずつタスクをこなしていってください。

4

Webライターの入口! SEO記事の基本を知ろう

この章では、Webライターの主な仕事である「SEO記事」の概要や売上の仕組み、具体的な記事のつくり方を紹介します。SEO記事の書き方を学べば、他の仕事に応用できる「ライティングの基本」がわかります。この章でお伝えするSEOの基本や、Webライティングのルールは、どの案件にも共通するものばかりです。これからWebライターの仕事をはじめる方は、ぜひこの章のポイントを1つひとつ理解していただき、ステップアップにつなげていってください。では、早速見ていきましょう。

SEO記事の目的と必要なスキル・知識

この章では、Webライターの基本であるSEO記事の概要や売上の仕組み、記事のつくり方を紹介します。あらかじめお伝えしておくと、本章はかなり濃ゆい内容です。その理由は、SEO記事の制作についてきちんと学べば、Webライターの基礎力を鍛えられるから。それだけ大事なパートだと思ったので、数か月かけて書き上げました。

わたしが今の仕事をつづけられている大きな理由は、これからお伝えするSEO記事の基本を学び、原稿のつくり方を頭に叩き込んだからといっても過言ではありません。SEO記事には、それだけ「ライティングの基本」が詰めこまれているのです。一気にすべてを覚えるのは大変なので、ご自身のペースで読み進めていただければと思います。では早速見ていきましょう。

Webライターの仕事のなかでもっとも多いのは「SEO記事の執筆」です。1章でもお伝えしましたが、SEOの正式名称は〝Search Engine Optimization〟。日本語にすると「検索エンジン最適化」といいます。一言でいうと、Google検索をしたときに記事が上位に表示されるための施策です。

少しわかりにくいと思うので、具体例を見てみましょう。たとえばアロマオイルに興味がある人がネットで情報収集するときは、「アロマオイル　初心者」「アロマオイル　おすすめ」などのキーワードをGoogleのトップページに入力して検索すると思います。検索すると、そのテーマに沿った記事がヒットします。ここで出てくる記事の多くは、SEOを意識してつくられたもの。Google検索したときに上位に表示させるために、SEOの施策に沿って記事をつくりこんでいるのです。

このような「ＳＥＯ記事」と呼ばれるものの多くは、企業や個人がＷｅｂライターに執筆を依頼してつくられています。広告収入や自社商品の販売につなげて売上を得ることが、ＳＥＯ記事の目的です。そんなＳＥＯ記事を書くためには、次のようなスキル・知識が必要になります。

①読みやすい文章を書く力
②論理的な文章を書く力
③正しい日本語で伝える力
④Ｗｅｂライティングの基礎知識
⑤ＳＥＯの基礎知識

ここで、「おや？　①〜④はＳＥＯに限った話ではないのでは？」と思った方もいるかもしれません。そうなんです。実は、ＳＥＯ記事を書くためのスキルや知識は、そっくりそのままＷｅｂライターに必要なスキル・知識でもあるのです。

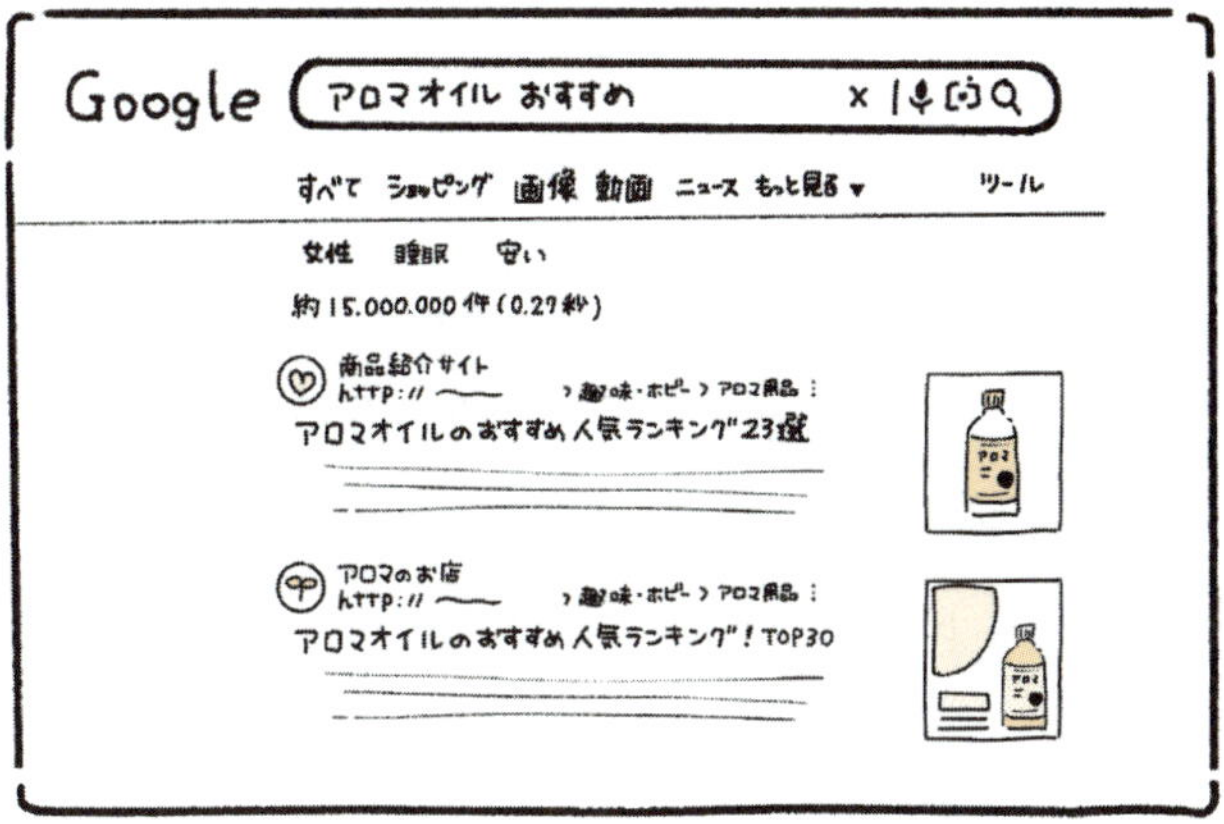
Google
アロマオイル おすすめ
すべて ショッピング 画像 動画 ニュース もっと見る ▼
ツール
女性 睡眠 安い
約15.000.000件（0.27秒）
商品紹介サイト
http://
› 趣味・ホビー › アロマ用品
アロマオイルのおすすめ人気ランキング23選
アロマのお店
http://
› 趣味・ホビー › アロマ用品
アロマオイルのおすすめ人気ランキング！TOP30

そのためSEO記事を一通り書けるようになれば、Webライターとしての基礎力を身につけることができます。そうすれば、他の案件にチャレンジしたり、専門性を深めたりと、Webライターとしての応用が利くようになるのです。

ですから、ここでは「SEO記事を書くのに必要なスキル＝Webライターに必要なスキル」として、読み進めていってください。以降で、それぞれのスキル・知識についてご説明していきます。

①読みやすい文章を書く力

SEO記事を書くのに必要な1つ目のスキルは「読みやすい文章を書く力」です。SEO記事に限らず、Webの記事ではストレスなく読める文章が求められます。紙の本のようにじっくり読むわけではなく、多くの人がスマートフォンを使ってスクロールしながら記事を読むからです。

「読みやすい文章ってどんなもの？」と思う方もいるかもしれないので、いくつか特徴をあげてみました。

- 中学生でもわかる言葉を使う
- 漢字とひらがなのバランスがちょうどいい
- 一文が短すぎず、長すぎない（目安は40～60字前後）
- 同じ語尾が重複せず、文章のリズムがいい
- 適度に改行があり視覚的に読みやすい
- 読点の量がちょうどいい

具体的な例を見てみましょう。

△ イマイチな例

Webライター初心者の頃は、艱難辛苦しました。最初に、受注した案件は、文字単価0.1円でした。1記事書くのに、1週間以上の期間を、要しました。

この文章のイマイチな点は次の通りです。

- 難しい言葉が入っている（艱難辛苦）
- 語尾がすべて「した」で終わっていてリズムが悪い
- 一文が短くぶつぶつ切れる感じがする
- 漢字がつづく箇所があってやや読みにくい
- 読点が多すぎる

これを読みやすく書き換えると、次のような文章になります。

○ 読みやすい例

最初に受注した案件は文字単価0.1円だったので、Ｗｅｂライター初心者の頃はとても苦労しました。１つの記事を書き終わるまでに、１週間以上かかったのを覚えています。

変更した点は次の通り。

- 表現をやさしくした（艱難辛苦→とても苦労した）（期間を要した→かかった）
- 最初の文章をつなげてリズムを改善した
- 漢字がつづく箇所にひらがなを入れた

●読点を減らした

いかがでしょうか？　基本的なことですが、これらを意識するだけで文章の読みやすさは格段に上がります。SEO記事に限らずさまざまなシーンで役に立つので、ぜひ取り入れてみてください。

②論理的な文章を書く力

SEO記事を書くのに必要な2つ目のスキルは、論理的な文章を書く力です。論理的な文章を書けば、大切なメッセージが伝わりやすくなり、説得力のある記事に仕上がります。

論理的な文章を書くコツはいくつかありますが、代表的な型の1つに「PREP法」があります。

P：Point（結論）
R：Reason（理由）
E：Example（具体例）
P：Point（再度結論）

こちらも、具体的な例を見てみましょう。

△ イマイチな例

Webライターをはじめたばかりの頃は、記事を書いた経験がほとんどありませんでした。最初に受注したのは、1記事1万文字の案件です。仕上げるのに1週間以上かかってしまい、とても苦労しました。これからWebライターをはじめる人は、このような大変な経験もあることを知っておくといいでしょう。

こちらの文章では「Ｗｅｂライター初期は大変なこともある」という、一番大切なメッセージが最後にきています。読みやすさという観点では問題ありませんが、大事な内容が最後にあるので少しもったいないです。改善例を見てみましょう。

○ＰＲＥＰ法を使った例

> Ｗｅｂライターをはじめたばかりの頃は、大変な思いをすることもあります。結論
> 記事を書いた経験がないと、仕上げるのに膨大な時間がかかるからです。理由
> たとえば、わたしは１記事１万文字の案件を受注して、仕上げるのに１週間以上かかりました。具体例
> これからＷｅｂライターをはじめる人は、このような大変な経験もあることを知っておくといいでしょう。再度結論

このように、ＰＲＥＰ法を使うと大切なメッセージが伝わりやすくなります。

余談ですが、初心者さんがよくやってしまうのは「自分の経験を日記風に書いてしまうこと」です。たとえば「今日はスタバにいって作業をしました。すると隣にいた人に話しかけられて……」のような文章からはじまる内容です。

このような内容を見た読者は「何の話をしているんだろう？」と迷子になります。つづきの文章に大切なメッセージが含まれているとしても、知らない相手の個人的な話を読みたい人はあまりいないでしょう。このような事態を避けるためにも、結論を最初に伝えるPREP法は役立ちます。

③正しい日本語で伝える力

SEO記事を書くのに必要な3つ目のスキルは、正しい日本語で伝える力です。言わずもがなですが、支離滅裂だったり、要点が伝わりづらかったりする文章を読みたい人はいません。読者に情報が届くよう、正しい日本語を使って文章を書く必要があります。

こちらも具体的な例を見てみましょう。

△ イマイチな例

わたしの自慢は走るのが速いです。中3の県大会で2位になって、スポーツ特待生の高校に進学しました。

日本語として違和感がありますよね。話し言葉と書き言葉が入り混じっていますし、文法の観点から見ても不自然な箇所が複数あります。

○ 問題ない例

わたしの自慢は走るのが速いことです。中学3年のときに県大会で2位になり、スポーツ特待生として高校に進学しました。

イマイチな例の場合、意味はわかりますが、日本語の違和感が気になってしまい、メッセージが頭に入ってきません。一方、同じ意味でも、正しい日本語を使った文章のほうが、内容をスムーズに理解できると思います。

このように、正しい言葉を使って自然な文章を書くことも、Webライターには必要なスキルです。

④Webライティングの基礎知識

SEO記事を書くのに必要な4つ目の知識は、Webライティングの基礎知識です。Webライティングの知識を学ぶことは、「Webの記事に適した文章の書き方を知ること」と言い換えられます。

なぜWebライティングの知識が大事かというと、Web媒体は他の媒体と特徴が異なるからです。たとえば、紙の本の場合は読者が「この本を読みたい」と思っているので、じっくり読んでもらいやすいです。

一方、Webの記事の場合、読者は「ほしい情報があるか？　あるとしたらどの辺りか？」という視点で文章を読みます。じっくり読んでもらえるわけではないので、簡潔に要点が伝わるような書き方が求められます。1つ例を見てみましょう。

△ イマイチな例

『もっと節約したい』『貯金がないと不安』こうした悩みがあるのはとてもわかります。不景気ということもあり、お金の悩みは尽きませんよね。でも安心してください。この記事では、そんな不安を解消するコツをお伝えします。1つ目は、家計簿をつけることです。」

この文章は、冒頭部分で読者の悩みに寄り添っていますが、これは読者の一番ほしい情報ではありません。一番知りたいであろう「節約や貯金をするコツ」が、最後にきてしまっています。特にスマートフォンから閲覧する読者は、「前置きはいいからポイントが知りたいな」と思うでしょう。

問題ない例

「『節約したい』『貯金したい』と思うのなら、まずは家計簿をつけることが大切です。自分がいくらお金を持っていて、何にいくら使ったのかがわからなければ、減らすべき項目がわかりません。まずは家計簿アプリを利用して、月々の収支を記録することからはじめましょう。」

この文章では、大事な要点を最初に持ってきています。「そんなにズバッと書いていていの？」と思う人もいるかもしれませんが、Ｗｅｂ記事ではこのくらいが丁度いいのです。結論ファーストは「読者の知りたいポイントを最初に書く」こととも言えます。

また、スマートフォンをスクロールをしながら読む人が多いことも、Ｗｅｂライティングの特徴です。スマートフォンで見たときに、視覚的なストレスがないような文章を書くことも大切です。

こちらも例を見てみましょう。

△ イマイチな例

エッセンシャルオイルとアロマオイルは混同されやすいのですが、実は別物。エッセンシャルオイルは、植物の花や果皮などから抽出した、天然の香り成分です。別名「精油」ともいわれます。アロマオイルは、エッセンシャルオイルに無水エタノールや、希釈するためのキャリアオイルを加えたものです。

問題ない例

エッセンシャルオイルとアロマオイルは混同されやすいのですが、実は別物。

エッセンシャルオイルは、植物の花や果皮などから抽出した、天然の香り成分です。別名「精油」ともいわれます。

アロマオイルは、エッセンシャルオイルに無水エタノールや、希釈するためのキャリアオイルを加えたものです。

イマイチな例からわかるように、途中で適度に改行をしないと、スマートフォンで見たときに画面が文字だらけになってしまいます。せっかく役に立つ情報を書いていても、視覚的なストレスがあると、読者は途中で読むのをやめてしまうでしょう。

次のようなポイントを意識すると、スマートフォンで見たときに視覚的なストレスのない、読みやすい記事に仕上がります。

- 行頭に空白を入れない
- 改行や装飾、画像を多めに入れる
- こまめに見出しを入れて文章を区切る

細かなポイントではありますが、上記のことを心がけるだけで文章の見栄えが大きく変わります。

イマイチな例
エッセンシャルオイル
とアロマオイルは混同
されやすいのですが、実
は別物。エッセンシャル
オイルは、植物の花や
果皮などから抽出し
た、天然の香り成分
です。別名「精油」
いわれます。アロ
マオイルは、エッセン

問題ない例
エッセンシャルオイルと
アロマオイルは混同
されやすいのですが、
実は別物。
エッセンシャルオイル
植物の花や果皮
などから抽出した、

⑤SEOの基礎知識

SEO記事を書くのに必要な5つ目の知識は、SEOの基礎知識です。先ほども述べましたが、SEOとは、Google検索したときに記事を上位に表示させるための施策です。この施策にのっとって書く記事が「SEO記事」と呼ばれます。

SEOは奥が深いので一朝一夕で学べるものではありませんが、基本を知っておくだけでも仕事を進めやすくなるでしょう。たとえば、SEOで大切な施策の1つに「読者の悩みを解決すること」があります。

たとえば「アロマ　初心者　おすすめ」というキーワードをGoogleの検索窓に入力する人は、何を知りたいのでしょうか?

- 初心者におすすめのアロマ

- 初心者はアロマをどう選べばいいか
- 初心者に適したアロマ活用法
- アロマはどこで買えるか

このように、いろいろな「知りたいこと」が思い浮かぶと思います。これらの内容を1つずつ解説するのがSEO記事です。SEO記事では、自分の体験や意見を述べるよりも「読者の役に立つ情報」を、論理的に体系立てて書くことが求められます。

「SEOなんて聞いたことない……。なんだか難しそうだな」と感じる人もいるかもしれませんが、ポイントをおさえれば、誰でもSEO記事を書けるようになります。先ほど紹介したPREP法や、次の5章で紹介する記事の書き方は、どのSEO記事にも共通するものです。

ですので「今はわからなくても、基本を学べばできるようになる」と考えて、長い目で知識をつけるマインドを持つといいと思います。

SEO記事のボリュームと作業時間

　ここまでで、SEO記事を書くにあたって必要な知識とスキルを紹介しました。なんとなくイメージがわいてきたでしょうか。次に、SEO記事の全体像を知るために記事のボリュームや作業時間についてお伝えします。

　まず、SEO記事のボリュームについて触れたいと思います。キーワードによって文字数は違いますが、わたしの経験上、1記事あたり3000〜5000文字ほどになることが多いです。たとえば、「アロマ　寝るとき　おすすめ」というキーワードに沿って書く場合、ボリュームのイメージは次の通りです。

冒頭のリード文（200文字）

本文

寝るときにアロマの効果が期待できる理由（300文字）

寝るときのアロマの選び方（150文字）
- リラックス効果が期待できる（200文字）
- 好きな香りである（200文字）

寝るときのアロマ活用法（150文字）
- ティッシュやコットンを使う（200文字）
- アロマスプレーを使う（200文字）
- アロマディフューザーを使う（200文字）

寝るときに効果が期待できるアロマ5選（150文字）
- ラベンダー（200文字）
- ベルガモット（200文字）
- スイートオレンジ（200文字）
- ユーカリ（200文字）
- ティートリー（200文字）

まとめ（200文字）

合計すると、3150文字程度になります。検索結果の上位に表示するために、よりたくさんの情報が必要になるのなら、文字数はさらに増えます。「えっそんなに長いの！」とびっくりされる方もいるかもしれませんが、慣れれば1日に2記事、3記事と書けるようになっていきますので、そこまで心配しなくても大丈夫です。

次に、作業時間について。初心者なら1記事つくるのに数日かかるケースもありますが、慣れれば数時間程度でつくれるようになります。ただ、作業時間は一概に「このくらい」と言えるものではなく、次の5つの要素によって左右されます。

①作業範囲
②作業の慣れ具合
③知識の有無
④調べる量の多さ
⑤そのときのパフォーマンスの高さ

これらの要素についても、詳しく触れたいと思います。

①作業範囲

作業時間を左右する1つ目の要素は、作業範囲です。SEO記事の制作は、大きく5つのフェーズに分けられます。

1. 検索キーワードを調べて書く記事を決める
2. キーワードに沿って構成をつくる
3. 構成に沿って原稿を書く
4. システムに入稿する
5. 記事を公開する

Webライターの仕事の範囲は案件にもよりますが、わたしの経験上、2から4までを依頼されることが多いです。案件によっては2と3だったり、3だけだったりするケースもあります。参考までに、先日書いた4000字のSEO記事には次のような時間がかかりました。

2. キーワードに沿って構成をつくる：40分
3. 構成に沿って原稿を書く：4時間
4. システムに入稿する：1時間

上記はあくまで経験談なので、この通りの時間を目指す必要はありません。何が言いたいかというと、作業範囲によってかかる時間は変わる、ということです。仕事を受けるときに、どこまでが自分のやるべき内容なのかをチェックしておきましょう。

②作業の慣れ具合

2つ目の要素は、作業の慣れ具合です。まったく記事を書いた経験のない初心者なら、記事を書くのに膨大な時間がかかると思います。わたしがWebライターになったばかりの頃は、1時間に300〜500文字書ける程度でした。1つの記事を書き上げるまでに3〜4日ほどかかったと思います。初心者の頃は、「そもそもどのように書けばいいのか」「どんな文章から書きはじめればいいのか」など、わからないことだらけ。1つひとつ調べながら進めるので、どうしても時間がかかります。

一方、当たり前ですが、作業に慣れれば執筆時間は短くなります。わたしは今ライター5年目なので、SEO記事の流れや盛り込むべきポイントはある程度頭に入っている状態です。調子がいいときに執筆できるボリュームは、1時間あたり2000文字くらい。1記事つくるのにかかる時間は半日程度だと思います。ただ、知らないジャンルの執筆や、はじめて取り組む仕事ならもっとかかるケースもあります。

最初の頃
どう書こうかな
書きはじめはどうしよう
もう1時間!?
やっと300文字書けた――

慣れた頃
ポイント
記事の流れ
1時間で2000文字書けた!

③知識の有無

３つ目の要素は、知識の有無です。記事のテーマの知見が豊富であれば、もちろん書くスピードは上がります。

たとえばＷｅｂライターを仕事にしている人なら、「Ｗｅｂライターになる方法」や「Ｗｅｂライターの営業方法」といったテーマの記事を、実体験にもとづいてスラスラ書けるでしょう。しかし、記事のテーマが「不動産の相続の手順」だったらいかがでしょうか……。まったく知識がなく、相続の経験もない場合、執筆するのにかなりの時間がかかると思います。

このように、執筆するテーマに関する知識の有無も、作業時間を左右する要素です。自分で体験したことのあるテーマなら、比較的書きやすいと思います。

④調べる量の多さ

4つ目の要素は、調べる量の多さです。Webライターの仕事は、情報収集をする作業（リサーチと呼びます）を含むケースが多く、案件やテーマによって調べる量は変わってきます。

たとえば、在宅ワークをしている人が「在宅ワークのメリット・デメリット」に関する記事を書くのなら、実体験があるので、リサーチにそこまで時間はかからないでしょう。しかし、「在宅フリーランスにおすすめの会計ツール10選」という記事の場合は、会計ツール10個を調べる必要があります。運営会社、利用方法、おすすめのプラン、料金体系などをそれぞれ記載するので、それだけ調べる量も多くなります。

記事の内容によって調べる量は大きく異なりますので、作業時間を考えるときに、リサーチにかかる時間も意識しておくとよいかと思います。

⑤そのときのパフォーマンスの高さ

5つ目の要素は、そのときのパフォーマンスの高さです。体調がよくメンタルが安定していれば、作業にかかる時間は短くなります。一方、なんとなくやる気が出ないときや、集中できないときもあるでしょう。

以前、納期が差し迫っているのに高熱が出てしまい、フラフラになりながら記事を書いたことがありました。このときは初心者の頃のように、1時間500文字ほどしか書けなかったと思います。

Webライターの仕事は、自分の体調やメンタルの状況がどうであれ、すぐに他の人に代わってもらうことができません。その時々のパフォーマンスも、作業時間に大きく影響します。

SEO記事の単価

前段でお伝えした通り、SEO記事のボリュームはさまざまな要素によって左右されます。同じように、SEO記事の単価もまた、さまざまな条件によって決まります。

SEO記事の料金は、記事単価もしくは文字単価で決まることが多いです。わたしがWebライターとしてはじめて書いた案件は、文字単価0.5円の記事でした。継続採用するか判断するためのテストライティングとして、1記事500円の記事を書いたこともあります。実際に書きはじめたら1万字近くになり、文字単価にすると0.05円でした……。

「えっ文字単価0.05円は低すぎるのでは?」と驚く方も多いと思いますが、さすがにこの単価のままでは、Webライターとして生活していけません。もちろん、すべての案件が文字単価0.05円ではありません。なかには「最初から文字単価2円」のような案件もありますが、こうした案件には共通の特徴があります。

SEO記事の単価を左右するのは、大きく分けると次の4つの要素です。

①ジャンルの市場規模
②ジャンルの専門性
③ライターの市場価値
④クライアントの予算

それぞれ解説していきますね。

①ジャンルの市場規模

ジャンルの市場規模が大きければ、Ｗｅｂライターの単価も上がりやすいと言われています。たとえば結婚式やマンションの売買などは、1回あたりに動く金額が大きいですよね。大きな金額が動くジャンルのメディアは、記事制作にかけられる予算がたくさんあり、その分、Ｗｅｂライターの単価も高めになる、という考えです。

動く金額が小さいジャンルだと一概に単価が低いとは言いませんが、傾向として「市場規模がライターの単価に影響する」と覚えておくといいと思います。

②ジャンルの専門性

ジャンルの専門性も、単価を左右する要素の1つです。「何かしらのジャンルの詳しい知識」は、Ｗｅｂライターをするうえで重宝されます。たとえば、医療系の記事は人の健康や命に関わるので、Ｗｅｂライターは誰でもいいわけではありません。仕事募集の概要欄にも、「医療系の有資格者であること」がWebライターの必須条件として書かれるはずです。

このように、専門性が求められる案件は「書ける人の数」が少ないので、単価が上がりやすいです。わたしのまわりにも医療や介護、不動産、金融と、さまざまなジャンルの専門性を武器に活躍しているWebライターがたくさんいます。

③ライターの市場価値

ライターの市場価値も、単価を左右する要素です。たとえば「わかりやすい文章を書けるWebライター」は、たくさんいます。でも、「文章を書けるだけ」だと、その人の市場価値は上がりにくいでしょう。がんばっても文字単価の上限は2円くらいだと思います。

少しフィルターをかけて「わかりやすい文章が書けて、SEOに詳しいWebライター」だと、該当する人の数は減ります。SEOのサイト設計やキーワード選定ができて、クライアントの売上に貢献できるのなら、文字単価5円以上を目指すこともできると思います。

さらに「わかりやすい文章が書けて、SEOに詳しくて、医療資格を持っているライター」はかなり希少なはず。医療資格を持っていて、専門家の視点をまじえた記事が書けるのなら、文字単価は10円以上になるかもしれません。

このように、他の人ができないことを武器にして強みをかけあわせれば、自分の市場価値とともに単価は上がっていきます。

④クライアントの予算

Webライター初心者のなかには「わたしの単価は文字単価1円くらいが妥当だ。それ以上の案件に取り組むのはまだ早い」と思う方もいらっしゃいます。でも、スキルの高さ=単価ではなく、クライアントの予算があるかどうか、も大きな要素です。文章力があるWebライターであっても、クライアントに予算がなければ文字単価1円で仕事を受

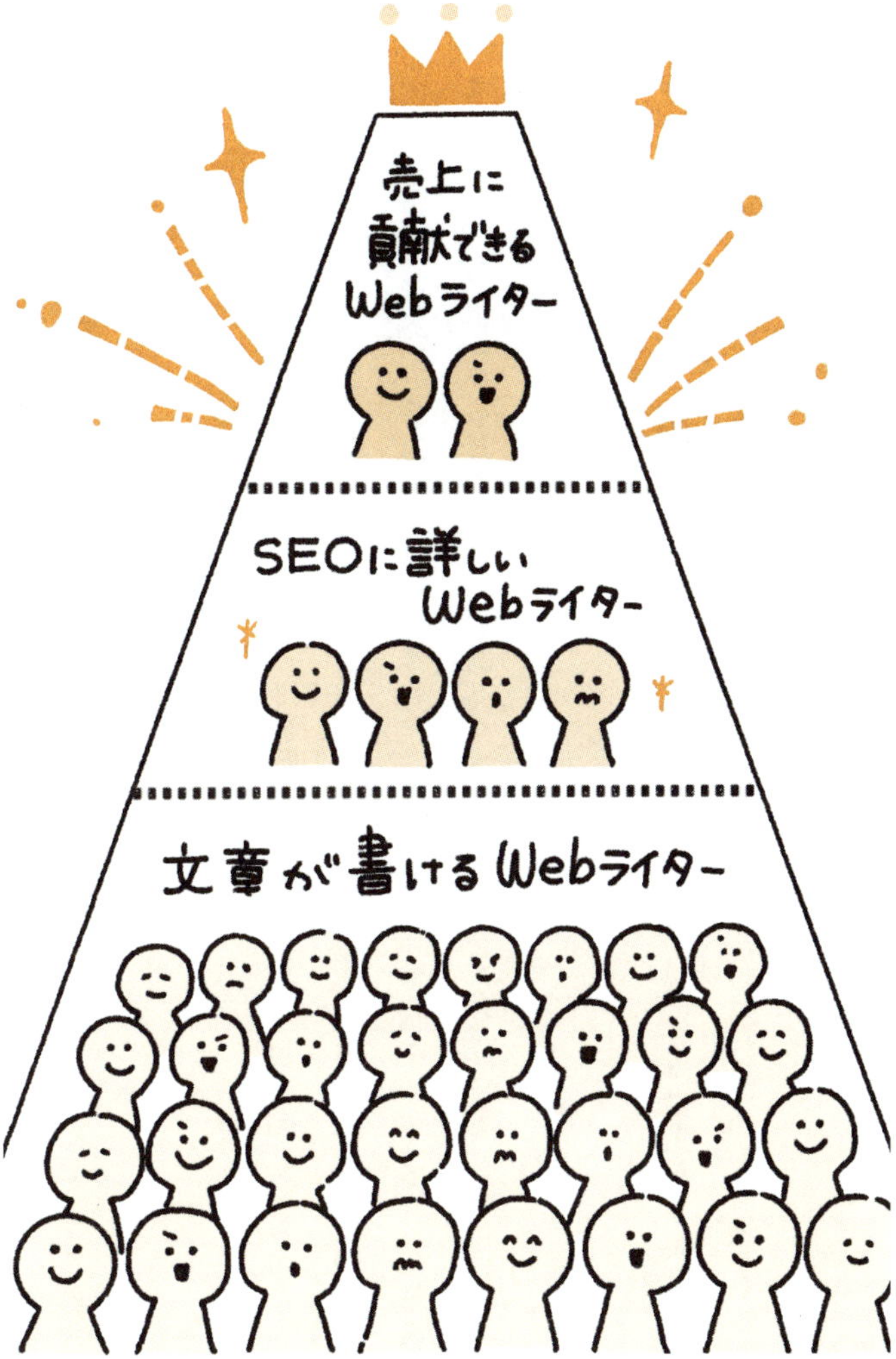
売上に
貢献できる
Webライター
SEOに詳しい
Webライター
文章が書けるWebライター

注するケースもあります。逆に、スキルは平均的であっても、予算のあるクライアントとめぐり合えば文字単価5円の仕事を発注される可能性もあります。言い換えると、ご縁やタイミングなどの「運」も、単価を左右する要素なのです。

みなさんが仕事に行きづまったときは、クライアントの予算にも目を向けてみるといいと思います。正直、予算の有無は働いてみないとわかりません。「単価は○円まで上げられます」と言ってくださる方もいれば、「うちはあまりメディア制作にかけられる予算がなくて……」とおっしゃる方もいます。あえてヒアリングをしなくても、一緒に働くうちになんとなく予算感はわかってくると思います。

自分がどれだけがんばっても、クライアントに予算がなければ単価は上がりません。「このままでは生計が立てられない」と思うのなら、新たな運をつかむための行動をしてみてください。

SEO記事の勉強方法

SEO記事の単価は、市場規模や専門性、ライターの市場価値、クライアントの予算によって決まるとお伝えしました。このなかで、Webライターが取り組みやすいのは、「自分の市場価値を高めること」です。

市場価値を高める、というと大変なイメージを持たれるかもしれませんが、簡単にいうと「勉強してスキルアップすればOK」です。そのためには、まずSEO記事の書き方を学び、基礎知識をつけるところからはじめましょう。

ＳＥＯ記事の書き方を学ぶには、主に次のような方法があります。

①本を読む
②オンラインの情報から学ぶ
③ブログを運営する
④仕事に挑戦する

今はＷｅｂライターに関する情報が山ほどあるので、どの方法を選んでも問題ありません。実際に勉強に活用したものや、やってよかったこともまじえながら解説しますね。

①本を読む

１つ目は、文章術やＳＥＯに関する本を読むことです。書籍には、何十年も文章を書いてきた編集者や、ベテランライターのノウハウが詰まっています。長年の経験から編み出された文章やSEOの法則を知っておくことは、執筆するうえで役に立つでしょう。

特に次の本は、SEOの基本を知るのにおすすめです。

- 沈黙のWebライティング —Webマーケッター ボーンの激闘—
- 副業・在宅OK、未経験からはじめられる「文章起業」で月100万円稼ぐ！
- 経験ゼロから確実に稼げるようになるWebライターフリーランス入門講座

紙の本を持っておけば、壁にぶつかったときに解決策を探せる「辞書の代わり」にもなります。もちろん本書も参考にしていただけると嬉しいです！

②オンラインの情報から学ぶ

2つ目は、オンラインの情報から学ぶことです。たとえば、すでにWebライターの仕事をしている人のブログやYouTubeチャンネルを見ると、実体験にもとづくノウハウを学べます。

ただし、たくさんの人の情報を見すぎないよう注意が必要です。オンラインにはさまざまな意見があり、考え方は多種多様。たとえば「クラウドソーシングがおすすめ」という人もいますし、「クラウドソーシングはやめたほうがいい」という人もいます。

情報をインプットしすぎると迷子になってしまうので、信頼できそうな人や目標にしたい人を、2人から3人ほどピックアップするといいと思います。

③ブログを運営する

3つ目は、ブログを運営することです。自分でブログを運営すると、どのようにSEO対策をしたらいいのか、どんな記事がGoogleに評価されるのかがわかってきます。

「何を書いたらいいのかわからない」と思う方がいるかもしれませんが、書く内容は自由に決めてOK。趣味のブログでもいいですし、推し活の記録でもいいでしょう。ポイントは、読んだ人に価値のある情報にすることです。たとえば「今日はアイドルのKちゃんのライブに行ってきました」だと、ただの日記です。でも「Kちゃんのライブを120%楽しむ方法を伝えます」のような記事だったら、他のファンの人に役立ちそうですよね。このように、他の人の役に立つ記事をブログにアップしましょう。

そのためには、WordPressというソフトウェアを使ってブログを開設するのがおすすめです。WordPressブログの開設には、サーバーとの契約やドメインの取得など、さまざまな作業が必要です。最初は大変だと思いますが、やり方がわかればＷｅｂライターの仕事の幅が広がります。「WordPressを使えるＷｅｂライターは単価アップ」という考え方を持つ人は一定数いるので、一度チャレンジされることをおすすめします。

④仕事に挑戦する

４つ目は、仕事に挑戦することです。「はじめたばかりなので仕事に応募するのは怖い」と思う人もいるかもしれません。でも、ＳＥＯについて学ぶのなら、経験を積むのがもっとも効果的です。仕事であれば、基本的にクライアントが記事に対するフィードバックをしてくれます。文章を添削していただけて、質の高いＳＥＯ記事を書くために必要なアドバイスをもらえる機会は貴重です。

少し視野を広げると、仕事をするなかで「お客さんはＳＥＯ対策のために何をしているか」「メディア全体の設計をどうやっているか」なども学べます。最初は怖いかもしれませんが、仕事を実際にやってみることが、メキメキとＳＥＯのスキルを上げる近道です！

SEO記事の案件を受注する方法

ここまでで、SEO記事を書くのに必要な知識やスキル、作業時間とボリューム、単価の考え方についてお伝えしました。ここまで読めば、SEOについての基礎知識は着々とついている状態です。もう記事を書く準備はできていると言ってもいいでしょう。そこで本章の最後に、SEO記事の案件を受注する方法についてご紹介したいと思います。

SEO記事の案件を受注する方法には、次のようなものがあります。

①クラウドソーシングを使う
②仕事探しサイトを使う

③メディアに直接営業する
④SNSを活用する
⑤オンラインコミュニティに入る

Webライター初心者の方の大半は、クラウドソーシングに登録して仕事を受注するところからはじめています。そこから活動範囲を広げて、メディアに直接営業したり、SNSを活用したりしていく……という流れが多い印象です。

それぞれ、どんな方法でSEO記事を受注すればいいのか解説します。

①クラウドソーシングを使う

最初に紹介するのはクラウドソーシングです。95ページでも述べたように、クラウドソーシングとは、ランサーズやクラウドワークスのような、仕事の募集者と応募者をオンラインでマッチングさせるサービスです。

クラウドソーシングでSEO記事の案件を探すときは、次の条件に絞るのがおすすめです。

- ライティング案件のSEO記事
- 文字単価1円以上
- プロジェクト案件

まずは、ライティング案件のなかの「SEO記事」を選びましょう。その他にもコラム記事やネーミング、シナリオ作成などがあるかもしれませんが、チェックを外します。

次に、文字単価は1円以上がいいと思います。1円以下だと、たくさん作業しても報酬が限られてしまい、モチベーションが下がりやすいからです。1円以上の案件で応募できそうなものがなければ、0.5円以上にしましょう。

最後に、単発で終わるタスク案件ではなく、継続して何本か依頼される「プロジェクト案件」にフィルタリングします。Ｗｅｂライターとして仕事をつづけるのなら、クライアントとの間に信頼関係を築くことが大切だからです。上記のポイントを踏まえて、案件を探してみてください。

②仕事探しサイトを使う

求人募集に使われるような仕事探しサイトでも、ＳＥＯ記事の案件は探せます。たとえば、有名どころだと、Indeed にはライター募集の求人が載っています。ややマイナーかもしれませんが、Wantedly というサービスもおすすめです。

- Indeed

https://jp.indeed.com/

● Wantedly
https://www.wantedly.com/

クラウドソーシングと仕事探しサイトを比べると、まず手数料がかかりません。クラウドソーシングは、報酬の1から2割ほどを運営会社に支払います。その分、仕事のプロセスが確立されていて「次は仕事を進めましょう」「次はクライアントのチェックを待ちましょう」など、手順を示してくれます。手数料はかかるものの、初心者でも作業を進めやすいのがクラウドソーシングのメリットです。

一方、仕事探しサイトの案件では、企業と直接契約をします。以前ベンチャー企業と取引をしたときは、先方がＷｅｂライターと業務委託をした前例がなかったので、契約書の作成から仕事の進め方、記事の管理方法まで、提案や相談をしながら進めました。

クラウドソーシングと比べると仕事探しサイトの案件の単価は高めですが、仕事に慣れていないと難しい部分もあります。ですから、まずはクラウドソーシングを使って一通り案件の進め方を学んでから、仕事探しサイトを使ってみるといいと思います。

③メディアに直接営業する

ＳＥＯの記事を受注するには、ＳＥＯ記事を掲載しているＷｅｂメディアに直接営業する方法もあります。たとえば、憧れのメディア内にライター募集ページがあるのなら、申し込みフォームに応募文を送ってもいいでしょう。もしくは、問い合わせフォームから応募文を送るのも１つの手段です。

わたしのまわりには、直接営業をして仕事を獲得しているＷｅｂライターがたくさんいます。その方々は、たいてい得意ジャンルがあって、前職で介護の仕事をされていたから介護系のメディアに営業する……のように、知見を活かせそうなメディアに営業しています。

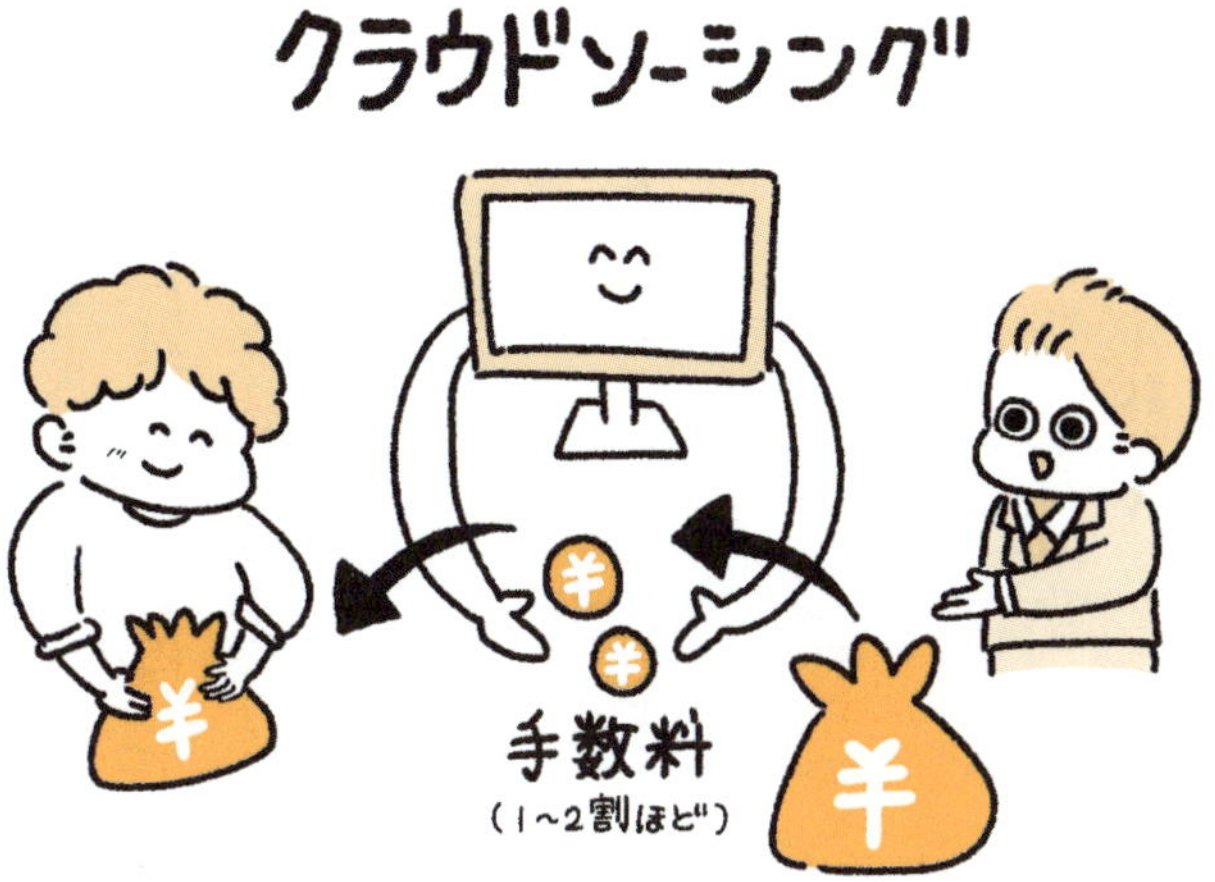
クラウドソーシング
手数料
(1〜2割ほど)

仕事探しサイト

もちろん、問い合わせフォームから直接営業しても、返信がこないケースのほうが多いでしょう。でも落ち込む必要はありません。植物の種をたくさん植えても、全部きれいに花が咲くとは限らないのと同じです。直接営業は新たな仕事を受注できるチャンスなので、臆せずに挑戦してみてください。

④SNSを活用する

SNSの活用も、SEO記事を獲得するのに役立ちます。WebライターとしてSNSアカウントをつくって日々発信すると、Webライター同士のつながりができたり、仕事依頼のメッセージをもらったりする機会があるからです。

ポイントは、日々ライターとして学んだことや、心がけていることを発信すること。たとえば、「今日は『沈黙のWebライティング』という本を読みました。こんな学びがありました！」といった内容で十分です。

少しずつでもこうした発信をしていくと、Ｗｅｂライターとして認知されていきます。いろいろなＳＮＳがありますが、発信しやすいのは１４０字の文章を投稿できるＸ（旧Twitter）です。

少しでも仕事獲得の間口を広げるために、ＳＮＳの活用も検討してみてください。

⑤オンラインコミュニティに入る

オンラインコミュニティも、ＳＥＯ記事の案件を獲得するのにおすすめです。コミュニティで交流して仲を深めた人と一緒に仕事するケースは意外とたくさんあります。わたしも他のＷｅｂライターの方とよく仕事をしますが、全員コミュニティで知り合った方々です。

クラウドソーシングのように顔や素性がわからない相手よりも、同じコミュニティで活動している人に依頼するほうが、仕事相手として安心できます。多くのコミュニティでは仕事募集のコーナーがあるので、応募できそうなSEO案件がないかチェックしてみましょう。

ただ注意したいのは、基本的にオンラインコミュニティの運営目的は仕事の受発注ではない、ということです。Webライター同士の横のつながりをつくったり、悩みを相談しあったりして、お互いレベルアップしていくのがコミュニティに参加する意義と言えます。「仕事をください！」というスタンスで他の人に近づくと、敬遠される可能性が高いので気をつけましょう。

4章のまとめ

4章では、Webライターの基本となるSEO記事の概要をお伝えしました。あらためて内容を整理しておきます。

SEO記事とは

Search Engine Optimization の略。Google 検索をしたときに記事が上位に表示されるための施策。

SEO記事を書くのに必要なスキル・知識

- 読みやすい文章を書く力

- 論理的な文章を書く力
- 正しい日本語で伝える力
- Webライティングの基礎知識
- SEOの基礎知識

SEO記事のボリューム

3000字から、多いと1万字程度。作業範囲は構成づくりから執筆、入稿まで案件によるところが大きい。

SEO記事の作業時間

初心者のうちは、1記事書くのに数日ほどかかる。慣れれば数時間で終わるが、テーマやリサーチする内容にもよる。

SEO記事の単価

基本は記事単価や文字単価が多い。最初は文字単価1円前後からスタートする。
経験の有無やジャンルの市場規模によって上下する。

SEO記事の勉強方法

- 本を読む
- オンラインの情報から学ぶ
- ブログを運営する
- 仕事に挑戦する

SEO記事の案件を受注する方法

- クラウドソーシングを使う
- 仕事探しサイトを使う
- メディアに直接営業する

- SNSを活用する
- オンラインコミュニティに入る

本章では、SEO記事に限った話ではないこともたくさんお伝えしました。それだけ、SEO記事を書くなかで養ったスキルや経験は応用が利くということです。情報がモリモリですべてインプットするのは大変かもしれませんが、できることから挑戦していただければと思います。

5

Webライターの実践！SEO記事の書き方を知ろう

5章ではSEO記事の具体的な書き方を解説します。文章を書きはじめる前に知っておきたい基礎知識や、構成のつくり方、原稿の書き方をまとめました。SEO記事の書き方には、他の文章にも通じる部分がたくさんあります。たとえば、結論を最初に書くこと。記事の内容を読む重要性を伝えること。読者の知りたいことを盛り込むことなどです。

この章をじっくり読んでいただければ、初心者の方でもSEO記事を書くことができる、実践的な内容にしました。実際に記事を書くときはぜひこちらの章をご活用ください！　では、早速見ていきましょう。

SEO記事を書く前に知っておきたいこと

ここからはいよいよ、SEO記事の書き方を解説していきます。記事を書く前に知っておくべき知識から、情報収集の方法、構成の組み立て方、記事の書き方までゴリゴリお伝えします。

ただし、これらは一度ですべて学習できるものではありません。まずはざっくりとした内容をおさえるだけで十分です。そしてみなさんが記事を書くタイミングがきたら、必要な箇所を読み返しながら手を動かしてみてください。実際にやってみることで、どんどん知識が定着していくと思います。

SEO記事の書き方を解説する前に、そもそもSEO記事が何のためにあるのか、どのように評価が決まるのかをお話しします。前提を知っておけば、自分が書く記事の役割や、クライアントの目的を理解することができます。「木を見て森を見ず」という言葉があるように、全体像や目的を整理することは非常に重要です。Webライターとしてスキルアップするために、大事なポイントを見ていきましょう！

SEO記事の目的は売上アップ

SEO記事の目的を一言でいうと、運営者の売上拡大です。ただし、売上につながれば手段はなんでもいいというわけではありません。SEO記事では「読者に満足してもらうこと」が非常に重要視されます。

ここで1つ、イマイチな例を挙げましょう。以前、ネット検索で調べ事をしたときに、こんなブログ記事を見つけました。

この記事では○○について説明しています。本題に入る前に、あなたは今お金に困っていませんか?そんなときはこのサービスがおすすめです!今すぐLINEに登録して特典をゲットしてください。

この文章を読んだ時点で、すぐにタブを閉じました。文面を見ればわかると思いますが、自分のほしい情報ではなく、ブログ運営者が伝えたい情報ばかりが優先的に書かれていたからです。この下の本文にいくらいい内容が書かれていたとしても、アクセスした人のほとんどは冒頭の文章を見て離脱するでしょう。運営者のイメージダウンにもなるので、このSEO記事はイマイチなのです。

一方で、ほしい情報が最初に書かれていて、自分の悩みをとことん解決してくれるような記事であれば、きっと読者の満足度は高いはずですよね。このフェーズをクリアして、読者ははじめて「このメディアの情報は信頼できるから、おすすめのサービスを買ってみよう」と考えるのです。

検索エンジンを提供するGoogleは、このような「読者の動き」をある程度把握しています。ページの滞在時間が長ければ、満足度が高くじっくりと読んでいる証拠。一方、すぐに離脱しているのなら満足度が低いと予想できますよね。

SEO記事の目的は売上の拡大ですが、その前に読者を満足させることが求められます。売上を最大化させようと、読者のニーズに応えず自分たちのサービスをガンガン訴求するのはイマイチな方法といえます。

SEO記事の売上の仕組み

SEO記事が売上を生み出す仕組みも、Webライターとして知っておきたいポイン

ストップ
0:10
1:10
Google
じっくり読んでいる
すぐ離脱する

トです。Ｗｅｂメディアで売上をつくる方法は主に3つあります。

- クリック型広告の収入を得る
- アフィリエイト商品を売る
- 自社のサービスを売る

これらの方法でつくられた売上は、Ｗｅｂライターのものではなく、メディアの運営主であるクライアントの収入になります。Ｗｅｂライターがいただくのは、基本的に原稿料です。Ｗｅｂライターの収入にならないのに、なぜこの話をするかというと、ＷｅｂライターがＳＥＯ記事からこれらの売上が生まれるからです。

売上が生まれる仕組みを知っておけば、クライアントの立場に立った状態で記事を執筆できます。では、それぞれの内容を見てみましょう。

クリック型広告の収入を得る

1つ目は、クリック型広告の収入です。クリック型の広告とは、読者がクリックしたら収入が発生するタイプの広告です。

このようなクリック型広告の1つに、Google アドセンスがあります。Google の審査に通れば広告が貼れるようになり、1クリックあたり20円前後の売上が発生する仕組みです。1クリックあたりの金額は少額ですが、記事がたくさんの人にアクセスされればまとまった額になります。Webライターとしてここで意識したいのは「たくさんの人に読まれる記事をつくること」です。PV数が増えれば、それだけ広告をクリックしてもらえる回数も上がります。

クリック型広告ではSEO記事のなかに広告リンクが貼られることになりますが、わたしの経験上、原稿内にライターが自分で広告リンクを貼ることはほぼありません。Webメディア内にもともと設けられている広告枠が、自動で入る仕様になっています。ですから、まずは目の前の記事作成に注力すれば大丈夫です。

アフィリエイト商品を売る

2つ目は、アフィリエイト商品を売ることです。アフィリエイトとは、メディアに貼った広告を経由して商品が売れたら手数料が入る仕組みです。アフィリエイトの広告を貼るには、「A8ネット」や「Amazonアソシエイト」といった、アフィリエイトサービスに申し込みをします。

アフィリエイトは成果報酬型なので、広告がクリックされても、商品が購入されなければ売上は発生しません。ただ、紹介料が高いサービスを扱えば、広告収入よりは大きな売上を見込めます。

たとえば「実際に使ってよかったアロマグッズを紹介します」といって、記事内でAmazonのアフィリエイトリンク（広告）を貼るとします。読者がその広告をクリックしてアロマグッズを買ったら、単価の5％ほどの手数料が紹介元に支払われます。2000円のアロマが1本購入されたら、紹介手数料は100円です。

わたしの経験上、あまり多くありませんが、クライアントから「このアフィリエイト広告のリンクを記事内に貼ってください」という依頼をもらうこともあります。このときに意識したいのは、過度な宣伝をしないことです。自分が読者になったときに、頻繁に広告が出るとかなりストレスを感じると思います。過度な宣伝は読者の満足度低下につながるので、必要な箇所だけにリンクを貼りましょう。

たとえば、アロマグッズのアフィリエイトリンクを貼るのなら「おすすめのアロマグッズ5選」という見出しの下や、記事の末尾くらいで十分です。その他の見出しに何度も貼るのはやめましょう。

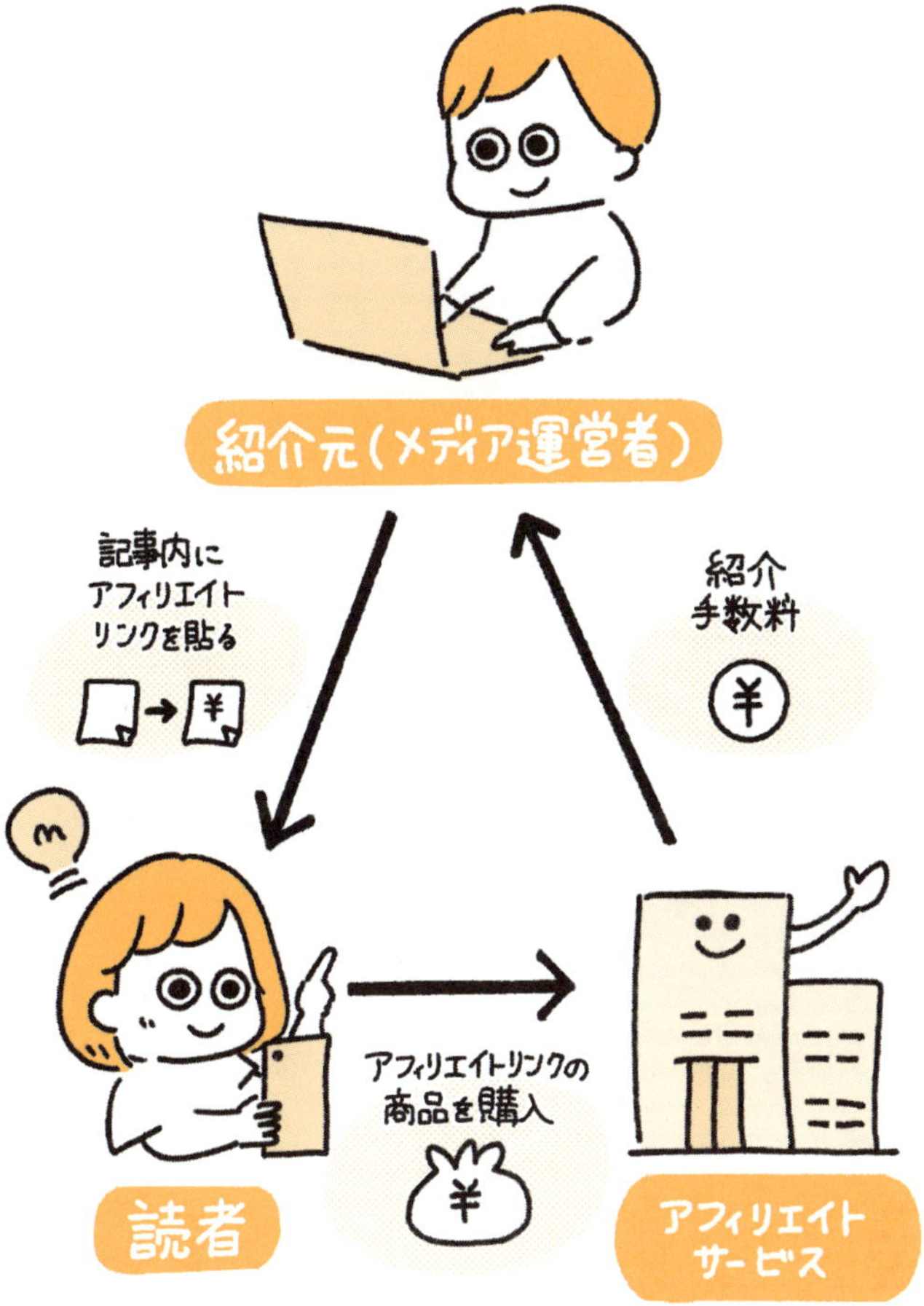
紹介元（メディア運営者）
記事内に
アフィリエイト
リンクを貼る
¥
紹介
手数料
¥
読者
アフィリエイトリンクの
商品を購入
¥
アフィリエイト
サービス

自社のサービスを売る

3つ目は、自社のサービスを売ることです。自社のサービスとは、文字通り「自分たちがつくった商品」のことです。たとえば、アロマグッズをつくっているメーカーが、自社のWebメディアをつくり、そのなかのSEO記事で自社のサービスを紹介する、というイメージです。自分たちのサービスをWebサイト上で直接販売できるので、クリック型広告やアフィリエイト広告を使うよりも高い利益率が期待できます。

このような記事をWebライターが手掛けるケースは、主に2つのパターンがあります。1つは、そのサービスをつくった会社から直接依頼をもらうケース。もう1つは、SEO記事制作を請け負うWebマーケティング会社が間に入り、その会社からWebライターに依頼がくるケースです。どちらのパターンであっても、共通して意識したいことがあります。それは、「自社のサービスをどのように訴求するか」です。先ほどのアロマグッズの例なら、記事のなかに「おすすめのアロマグッズはこちらです」と書き、商品ページへのリンクを置くのがいいと考えられます。

ただし、サービス内容や業界によっては、いきなりサービスを紹介せずにいくつかのステップを踏んで売ったほうが適切な場合もあります。たとえば、家のリフォームに関するSEO記事内に「200万円でリフォームを申し込む」のようなリンクが設置されることはほぼないですよね。たいていの場合は「見積を申し込む」「問い合わせフォームはこちら」のようなリンクがあると思います。

このように、自社のサービスを売るときは、サービスへのリンクを貼る、見積フォームを置く、問い合わせフォームに誘導するなど、案件によって方法が違います。そのため、クライアントがどのような方法で自社サービスを売りたいのか、最初にヒアリングしましょう。こうした「商品の売り方」を知ることは、マーケティングの勉強にもなります。あらかじめ目的を聞いておけば、クライアントの意向に沿ったSEO記事をつくりやすくなるでしょう。

Googleの評価基準について

SEO記事は「Google検索をしたときに記事が上位に表示されるための施策」と説明しました（135ページ）。「それじゃあ記事の順位はどのように決まるの？」と疑問に思った方もいるのではないでしょうか。

SEO記事の順位は、検索エンジンの運営元であるGoogle社が決めます。Googleの考え方は公式のガイドラインにまとめられていますが※、170ページ以上のボリュームがあり、すべてを解説すると膨大な量になります。そこで、ここではGoogleの代表的な評価基準を紹介したいと思います。それが、次の3つになります。

- E-E-A-T
- YMYL
- Googleが掲げる10の事実

SEO記事をアップすると、Googleのクローラー（Web上の情報を収集する自動巡回プログラム）がその内容や質をチェックします。そして、上記のような評価基準にもとづいて記事の順位が決まります。3つの基準を詳しく見てみましょう。

※ https://static.googleusercontent.com/media/guidelines.raterhub.com/ja//searchqualityevaluatorguidelines.pdf

E-E-A-T

1つ目の基準は、E-E-A-Tです。Googleがチェックする4つの項目の頭文字をとっています。

E：Expertise（専門性）その分野の知識がある人がつくっている
E：Experience（経験）経験にもとづいた内容が書かれている
A：Authoritativeness（権威性）その道のプロが書いている
T：Trustworthiness（信頼性）社会的に信頼できる

たとえばアロマに関するWebメディアなら、次のように置き換えられます。

E（専門性）アロマの知識が豊富な人や、実務経験のある人が記事制作に関わっている
E（経験）アロマの使用経験を語れる人が記事制作に関わっている

A（権威性）アロマテラピー検定のような関連資格を持つ人が記事制作に関わっている
T（信頼性）運営者名が明記されている。Webサイトの安全性が高い

このような項目を満たしていれば、SEO記事は評価されやすくなります。

E-E-A-Tを満たすためにWebライターとしてやったほうがいいのは、次のようなことです。

E（専門性）得意なジャンルをつくる
E（経験）自分の経験をもとに記事を書く
A（権威性）資格を持つ、実績をつくる
T（信頼性）顔や名前を出す

たとえばアロマを使った経験が豊富にあり、資格を持っているのなら、アロマ系のメ

ディアのライターとしてE－E－A－Tの条件を満たしやすくなります。しかし、ライターとして活動するにあたって、すべての項目を満たすのはかなり大変です。「特定のジャンルの専門性や権威性なんて持っていない」という方も多いと思います。

そういう方は、「ライターとしてE－E－A－Tをすべてクリアしないといけない」と考える必要はありません。わたしも専門性や権威性を強みにしているわけではありませんが、ライターの仕事をつづけられています。大半のWebメディアは、プロに記事の監修を依頼したり、法人が運営することで信頼性を上げたりと、メディア全体で施策を打っています。

ただし、E－E－A－Tに貢献できたほうが、ライターとして仕事をしやすくなるのは間違いありません。できれば「わたしはこのジャンルが得意です。そのジャンルの経験や資格もあります」といえるものを持てるよう、準備しておくといいでしょう。

E-E-A-T
Expertise
(専門性)
Experience
(経験)
Authoritativeness
(権威性)
資格
Trustworthiness
(信頼性)
運営者

YMYL

2つ目の基準は、ＹＭＹＬです。ＹＭＹＬはYour Money or Your Lifeの略で、お金や健康、命など人の生活に大きく影響するテーマの記事は、信頼性や権威性が特に厳しく見られるという意味です。たとえば、医療分野に詳しくない人がブログに「この薬を飲んだら癌が治ります」のような記事を書いたら、ＹＭＹＬに抵触するでしょう。このような記事が増えると、読者の命が危ぶまれる可能性があるからです。

健康や命だけではなく、お金に関するジャンルもＹＭＹＬに含まれます。たとえば金融に関するＷｅｂメディアは、証券会社の会社員や、ファイナンシャルプランナーのような専門性を持つプロが記事制作に関わっています。金融ジャンルのプロでない人が「この株を買ったら大儲けしました」という記事を書いても、Googleの検索順位からは圏外になるはずです。

ＹＭＹＬの観点でＷｅｂライターが注意したいのは、お金や健康に関わる記事の執筆を安易に受けないことです。医療や金融の資格をお持ちの方ならＹＭＹＬジャンルに挑戦しても問題ありませんが、まったく知見がないのに「単価が高そうだから」という理由でチャレンジするのはやめましょう。

以前、DeNAが運営していたヘルス系メディアで、ＹＭＹＬに抵触する事件が起こりました。知識のないライターを大量に起用して、医療や健康にまつわる信憑性のない記事を量産した「ＷＥＬＱ（ウェルク）事件」です※。最悪の場合、このような事件に巻き込まれる可能性があることも覚えておいてください。

※ https://toyokeizai.net/articles/-/147045

Googleが掲げる10の事実

3つ目の基準は、Googleが掲げる10の事実（以下、10の事実）です※。これはGoogleの経営理念なのですが、SEO記事にも深く通じる部分があります。内容は次の通りです。

①ユーザーに焦点を絞れば、他のものはみな後からついてくる。
②1つのことをとことん極めてうまくやるのが一番。
③遅いより速いほうがいい。
④ウェブ上の民主主義は機能する。
⑤情報を探したくなるのはパソコンの前にいるときだけではない。
⑥悪事を働かなくてもお金は稼げる。
⑦世の中にはまだまだ情報があふれている。
⑧情報のニーズはすべての国境を越える。

⑨スーツを着なくても真剣に仕事はできる。

⑩「すばらしい」では足りない。

※ https://about.google/philosophy/?hl=ja

一言でいうと「読者の満足度をとことん高める記事を書こう」という内容です。たとえば③の「遅いより速いほうがいい。」という内容は、サイトを開くときのスピードや、画像の読み込みスピードが該当します。

直接SEO記事の評価項目をあげているわけではありませんが、10の事実には根本的なGoogleの思想が反映されています。SEO記事を書くのなら、こうした内容も頭に入れておくといいでしょう。

とはいえ10の事実はやや抽象的な内容なので、「具体的に何をすればいいの？」と迷う人もいらっしゃると思います。そこで、執筆のときに取り入れやすいテクニックとマインドをいくつかご紹介します。

- 日記のような自分の話をするのではなく、読者にお役立ち情報を届ける
- 適度に改行を入れたり、画像を挿入したりして視覚的な見やすさを意識する
- パソコンだけでなくスマホビューの見やすさも意識する
- 信憑性の高い情報を盛り込み、根拠のない情報は極力書かない
- 商品を頻繁に紹介するなど、過度な宣伝やセールスをしない。必要な箇所だけにとどめる
- 読者の悩みや疑問を解消できるよう、必要な情報をとことん盛り込む

こうした1つひとつの作業が、Googleの評価基準を満たすことにつながります。

SEO記事の書き方

前置きが長くなりましたが、いよいよここからはSEO記事の書き方を解説します。SEO記事を一通り書けるようになれば、その他の仕事にも応用が利きます。Webライティングの基礎となる部分なので、みなさんが記事を書くときの糧にしていただければ幸いです。

最初に、SEO記事の仕事を進める手順を紹介します。

手順①キーワードを確認する

手順②構成をつくる
手順③原稿を執筆する
手順④タイトルを決める

これはよくある例なので、すべての案件がこの通りにすすむとは限りません。すべての作業をＷｅｂライターが行わない場合もあります。すでに構成があって原稿作成から着手する案件もありますし、上記に加えてWordPressの入稿が含まれる案件もあるでしょう。

それでも、この４つの手順は他の仕事にも共通する根幹になるものです。流れに沿って、ＳＥＯ記事の作成手順を詳しく紹介していきます※。

※これから紹介する文章は、本書購入特典として、全文をダウンロード提供しています。ダウンロード方法は12ページで説明していますので、ぜひご活用ください。

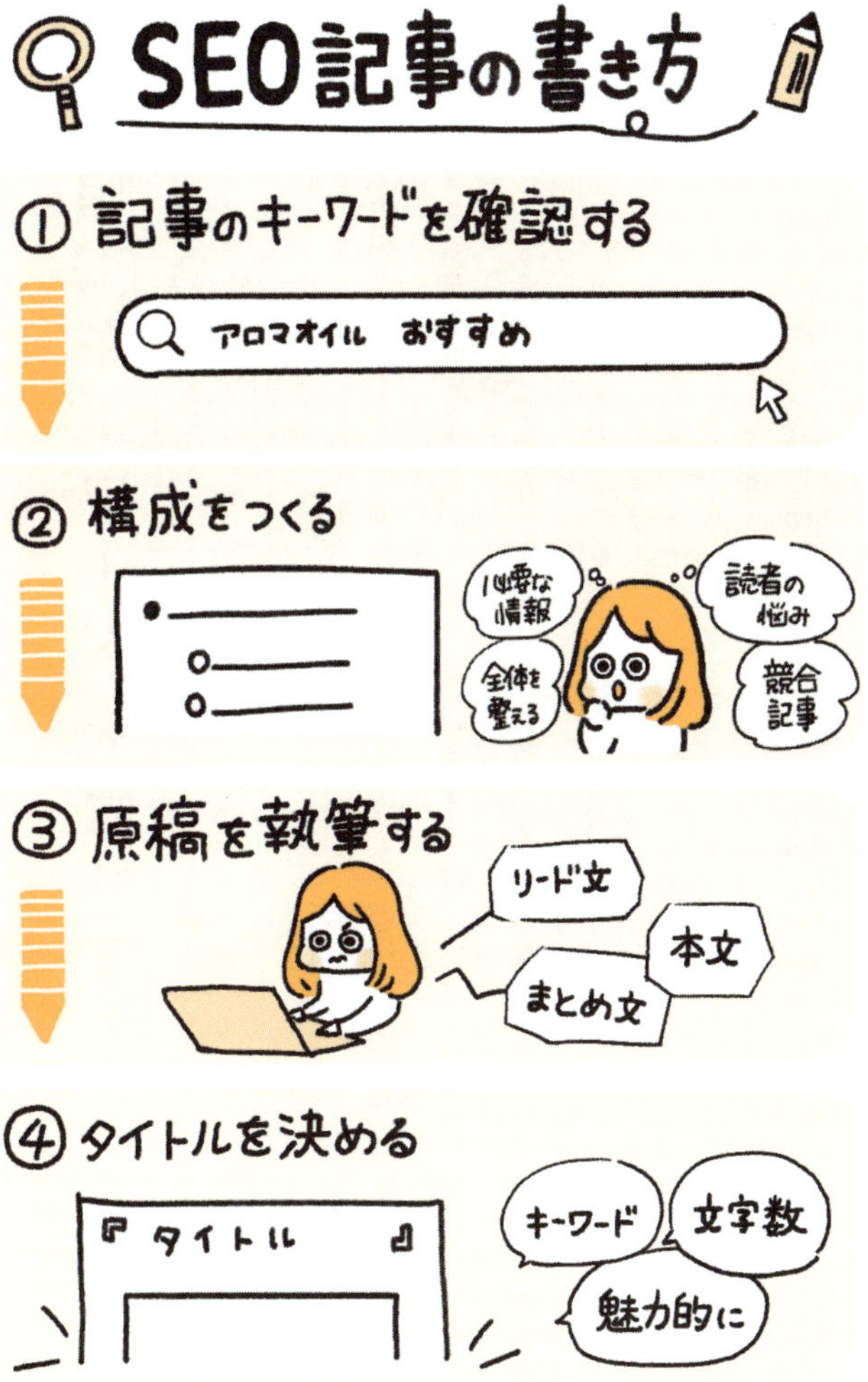
SEO記事の書き方
① 記事のキーワードを確認する
アロマオイル　おすすめ
② 構成をつくる
必要な情報
読者の悩み
全体を整える
競合記事
③ 原稿を執筆する
リード文
本文
まとめ文
④ タイトルを決める
『タイトル』
キーワード
文字数
魅力的に

手順①キーワードを確認する

まずは、記事のキーワードを確認します。キーワードとは、読者がGoogle検索するときに入力する言葉を指します。たとえば、おすすめのアロマオイルを知りたい人は「アロマオイル　おすすめ」「アロマオイル　初心者」などの言葉を入力して検索すると思います。このキーワード1つひとつがSEO記事のキーワードになり、テーマになるということです。

言い換えると、SEO記事を読む人は何かしらの悩みを抱えています。悩みを解決できそうな情報がほしくてGoogleにキーワードを入力し、検索をしています。SEO記

事は、こうした悩みの解決に応えるための文章です。そのため読者が検索で入力すると思われるキーワードを記事に盛り込み、それについての具体的なノウハウや手順を提示することが求められます。記事のなかで悩みを解決して読者に満足してもらうことが、SEO記事ではもっとも大切です。

ちなみに、わたしの経験上、Webライターがキーワードを選ぶことはあまりありません。基本的にクライアントがキーワードを決めたうえで「このキーワードに沿った記事を書いてください」と依頼されるケースが多いです。

手順②構成をつくる

次に、手順①で確認したキーワードに沿って構成をつくります。構成をつくるステップは、次の４つに分けられます。

①読者の悩みを書き出す
②競合記事を参考にする
③必要な情報を追加する
④構成全体をととのえる

ここからは「アロマ　寝るとき　おすすめ」というキーワードを与えられたという前提で、それぞれの手順を見ていきます。

①読者の悩みを書き出す

最初に読者の悩みを書き出します。「アロマ　寝るとき　おすすめ」と検索する人はどんな情報を求めているか？　この悩みを解決するために、必要な情報は何か？　まずは、これらを自分の頭のなかで考えてみます。たとえば、次のような情報を思いついたとします。

【自分の頭のなかで考えたメモ】

- 寝るときにおすすめのアロマの種類
- 寝るときにおすすめのアロマを選ぶ基準
- 寝るときにおすすめのアロマの利用方法

読者の悩みは…
種類
選ぶ基準
利用方法

これらの情報は、構成案のベースとしてメモに残しておきましょう。手書きのメモでもいいですし、パソコンならGoogleドキュメントなどの文書ツールを使うのがおすすめです。

②競合記事を参考にする

次に、競合記事に目を通して情報に過不足がないかをチェックします。競合記事は、Google検索すればすぐに出てきます。このときの注意点は、Google検索を「シークレットモード」にすること。シークレットモードとは、検索履歴や閲覧履歴を記録せずにブラウザを使う機能です。Windowsなら Ctrl ＋ Shift ＋ N、macOSなら Command ＋ Shift ＋ N のショートカットを使うと、シークレットモードに切り替わります。

シークレットモードを使う理由は、切り替えないままだと「あなたの好みに合う記事」が優先表示されてしまうからです。過去の閲覧履歴から、たびたび見ているメディアや、

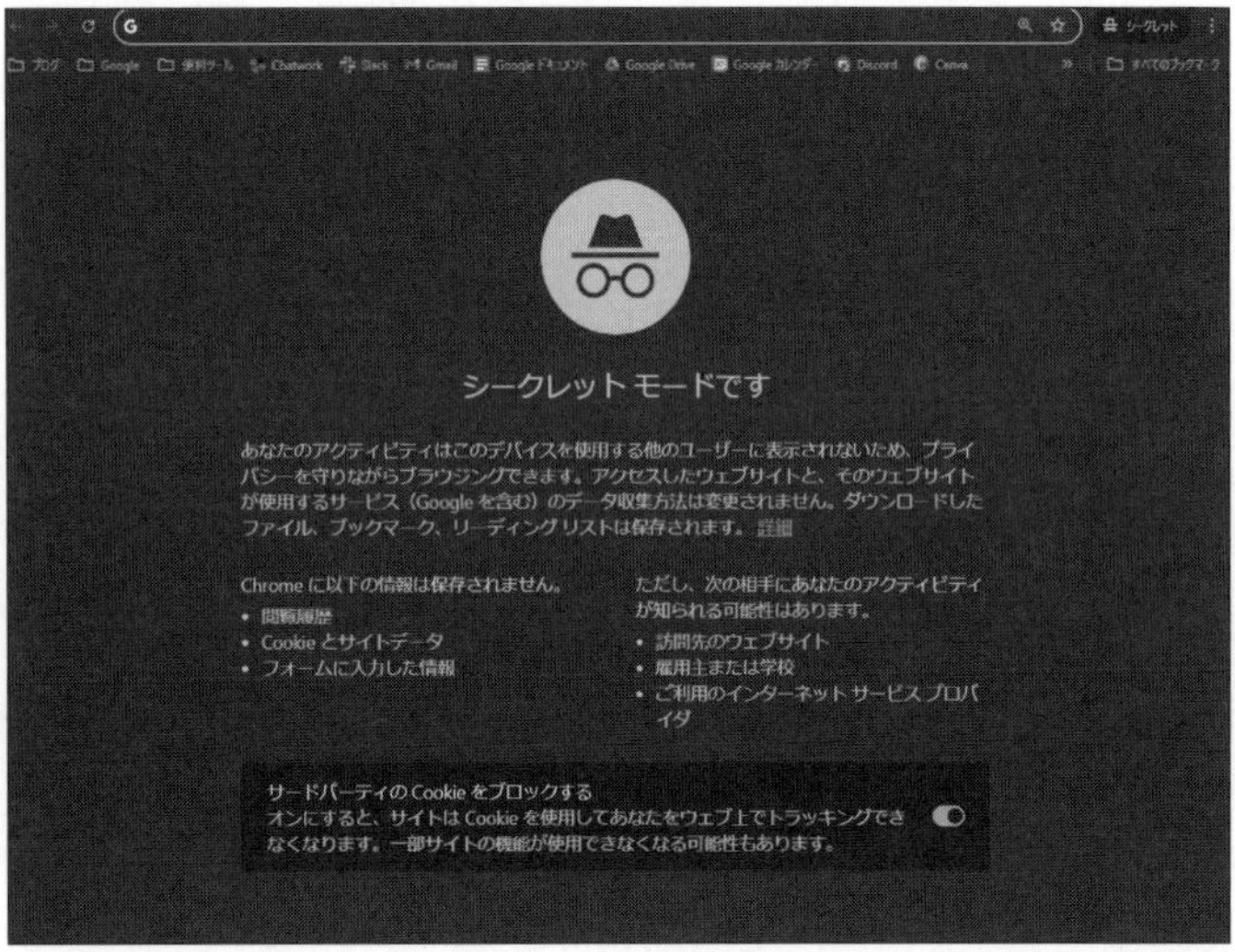

以前購入した商品を扱うサイトなどが上位に出てきてしまうのです。

SEO記事の制作では「Google に総合的に評価されている競合記事」を参考にしたいので、必ずシークレットモードを使いましょう。

ブラウザをシークレットモードにしたら、Google で今回のキーワードである「アロマ　寝るとき　おすすめ」と入力して検索します。そして、上位に出てくる10記事に目を通して、前段で考えた自分のメモにはない要素がないかチェックしましょう。

シークレットモード
メモにない要素を追加！

たとえば、次の要素が自分のメモにはなかったとします。

- アロマの定義
- 寝るときにリラックスする重要性
- アロマを使うときの注意点
- 寝るときにアロマがおすすめの理由
- 集中したいときにおすすめのアロマ

これらの情報を、メモに追加します。特に複数の記事に載っている情報ならニーズが高いと考えられるので、積極的にメモに追加しましょう。

ただし、テーマと関連性が薄いものや、話がそれてしまうものは追加しません。このなかだと「寝るときにリラックスする重要性」はアロマに限った話ではなく、スケールが大きい話なので除外することにします。また、「集中したいときにおすすめのアロマ」

は今回のキーワードである「寝るとき」とはシーンが異なるので除外します。

その結果、次のようなメモが残りました。「寝るときにおすすめのアロマの利用方法」と「アロマを使うときの注意点」は、1つの内容としてまとめることにしました。

【競合記事を参考にしたあとのメモ】
- 寝るときにおすすめのアロマの種類
- 寝るときにおすすめのアロマを選ぶ基準
- アロマの定義
- アロマを使うときの注意点（≒利用方法）
- 寝るときにアロマがおすすめの理由

これが、SEO記事の構成をつくるときのベースの情報となります。

③必要な情報を追加する

ここまでくれば十分な情報を集めた……と思うかもしれませんが、もう一歩踏み込んで情報収集を行いましょう。というのも、SEO記事では「いかに競合よりも質の高い記事をつくるか」が重視されるからです。情報がてんこもりであっても、他の記事と差別化できていなければ、Googleの検索上位には入りません。ですから、Google検索上位に入るために、「競合記事にない要素」を追加しましょう。「競合記事にない要素」とは、たとえば次のような情報です。

- プロによるアドバイス
- 実体験にもとづく情報
- より深い悩みの解決策

それぞれ、どのように収集するのか見ていきましょう。

プロによるアドバイス

1つ目は、プロによるアドバイスをもらうことです。Webライターが執筆する内容に加えて、そのジャンルの専門家の知見を含めると、記事の信憑性が上がります。たとえば、その道のプロに取材をしたり、監修者として内容をチェックしてもらったりするイメージです。

今回のアロマの記事は誰かに取材したわけではありませんが、わたし自身がアロマテラピー検定1級を取得しているので、プロのアドバイスと同程度の説得力はあると思います。また、サンプル記事の監修者として、YMAA（薬機法や医療法の広告知識を習得した広告取扱者）認証を取得している、髙橋マキさんにご協力いただきました。

GoogleはE-E-A-Tという基準を設けているので（208ページ）、プロのアドバイスを盛り込むことにより、記事の評価も上がりやすくなるでしょう。

ただし、一般的なSEOの記事を書くときに、毎回プロに取材をするのは難しいと思います（取材込みの場合は、事前にクライアントから指示があることが多いです）。ハードルが高い場合は、ほかの2つの方法を試します。

実体験にもとづく情報

2つ目は、実体験にもとづく情報です。自ら体験したことを「一次情報」とも言います。たとえば、効果が期待できるアロマを実際に使ってみてどのように感じたのか。睡眠の質はどうだったのか。このような「一次情報」を記事に盛り込むと、より濃い情報を届けられます。

読者が求めているのは「一般的にこのサービスの評価が高い」という情報ではありません。「実際にサービスを使った人の話」や「悩みを解決した人の話」なのです。競合記事にこのような情報がなければ、自分で一次情報となる体験をしてから記事を書いてもいいでしょう。

より深い悩みの解決策

ここまで記事の評価を高めるために、「プロによるアドバイスをもらう」「実体験にもとづく情報を記載する」という話をしました。ただ、正直これらを実践するのは難しいケースもあります。そんなときに試したいのが、より深い悩みを解決することです。読者が知りたいことをさらに詳しく調べて、それに対する解決策を追加しましょう。

たとえば、Yahoo! 知恵袋やSNSで検索をすると、競合記事を見るだけでは知り得なかった悩みに辿り着けます。Yahoo! 知恵袋で「アロマ　寝るとき　おすすめ」というキーワードを検索すると、次のような悩みがヒットしました。

- 寝るときのアロマを垂らすのは、ティッシュとコットンどちらがいいか
- 寝るときにアロマを使っているが、香りの効果が薄く感じるのはなぜか
- 寝るときにコスパのいいアロマオイルを使いたい。100均のものでも問題ないか

これらの情報は競合記事に載っていませんが、今回のテーマに関連する悩みです。こうした情報を盛り込むと、競合記事とのよい差別化になります。

【競合記事にない要素を追加したあとの構成】

- 寝るときにおすすめのアロマの種類
- 寝るときにおすすめのアロマを選ぶ基準
- アロマの定義
- アロマを使うときの注意点（≒利用方法）
- 寝るときにアロマがおすすめの理由
- ティッシュとコットンどちらがいいのか
- 香りの効果が薄く感じるのはなぜか
- 100均のアロマでも問題はないか

これで、記事を構成するための情報のピックアップが完了しました。ただ、今の状態では構成の順番がぐちゃぐちゃなので、全体をととのえる作業が必要です。次のステップで順番を整理します。

④構成全体をととのえる

構成をつくる最後のフェーズは、全体をととのえる作業です。集めた情報を体系立てて並べ替える作業とも言えます。前段までで書き出した情報を並べ替えて、スムーズに読めるよう調整します。記事によって適切な順序は変わりますが、おおむね次のような流れになることが多いです。

1. テーマの概要（言葉の定義やメリット、デメリット、記事の内容を知る重要性など）
2. 具体的な話（悩みを解決する方法や手順、注意点など）
3. その他の派生するテーマ（合わせて知っておきたいこと、おすすめのサービスなど）

最初にテーマに関わる全体的な話をして、そのあとに具体的な方法や手順に移り、最後に枝葉の悩みを解決していくイメージです。この流れに沿って、さきほどのアロマに関する構成を分題し、並べ替えてみましょう。

【並べ替えたあとの構成】

1．テーマの概要

アロマの定義

寝るときにアロマがおすすめな理由

寝るときにおすすめのアロマを選ぶ基準

2．具体的な話

寝るときにおすすめのアロマの種類

アロマを使うときの注意点（≒利用方法）

3．その他の派生するテーマ
ティッシュとコットンどちらがいいのか
香りの効果が薄く感じるのはなぜか
100均のアロマでも問題はないか

このように、メモした内容をテーマの概要、具体的な話、派生するテーマの3つに分類すると、構成をつくりやすくなります。

見出しの階層を決める

構成をととのえるときには、見出しの階層を決めることが大切です。見出しの役割は、記事の内容を区切って、メッセージが伝わりやすくすることにあります。基本的には大見出し、中見出し、小見出しの3つを使います。SEO記事では、この見出しをh2、h3、h4と呼びます。

- 大見出し：h2
- 中見出し：h3
- 小見出し：h4

hのアルファベットは、WordPressというシステムに記事を入稿するときに使うHTMLタグからきています。今回の構成に見出しをつけると、241ページのようになります。

最初に、ここまで作成してきた構成のなかで「テーマの概要」と「具体的な話」のなかのメモはそれぞれh2の見出しにします。次に、より詳しく説明したい見出しの場合に、h2の下にh3の見出しを追加して、内容を分けています。もしh3のなかで、より詳しく説明する必要があるのなら、さらにh4を使うこともあります。

SEO記事見出しの階層

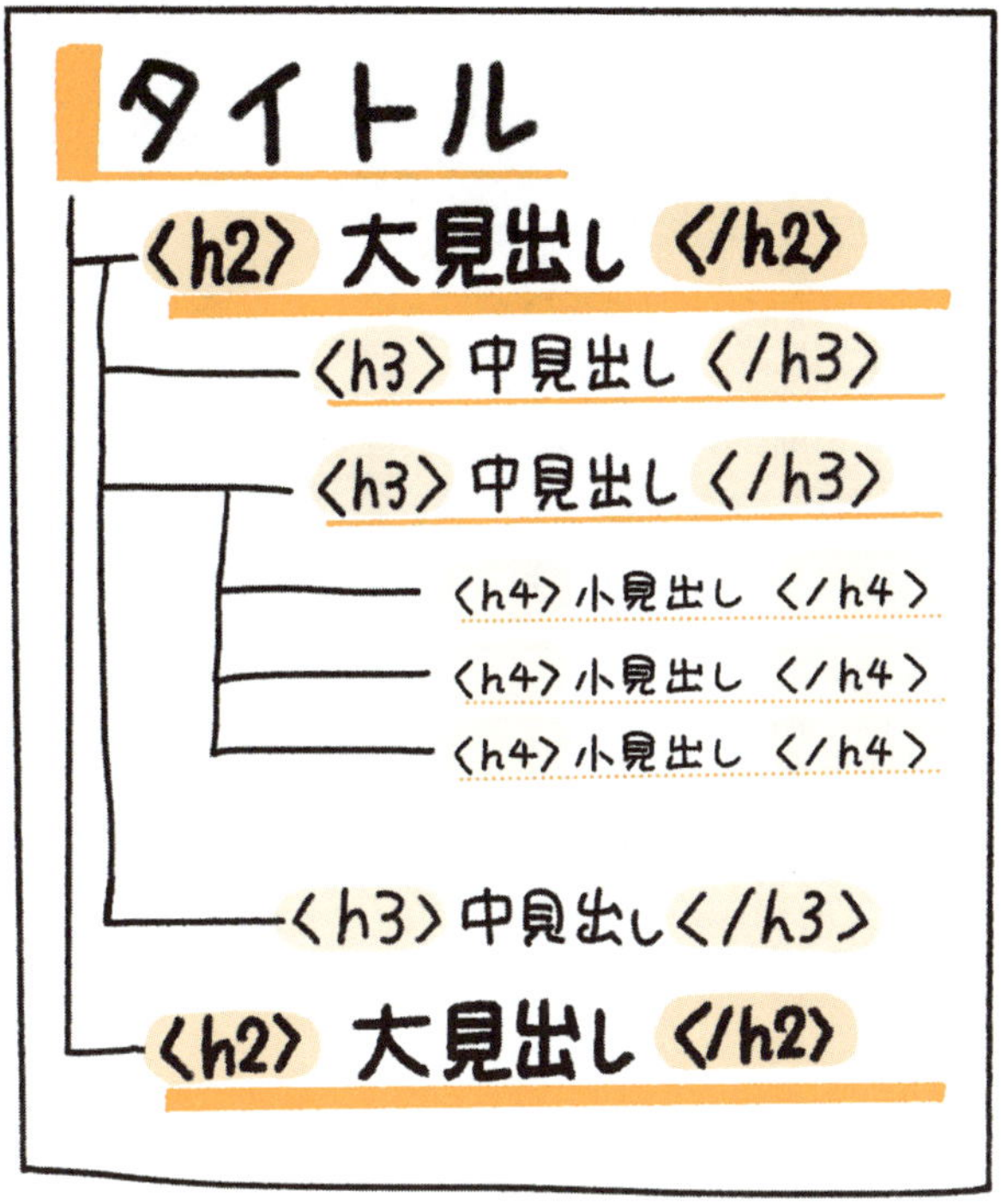

また、「その他の派生するテーマ」はそれぞれh3とし、それらをまとめる見出しとしてh2の見出し「その他のアロマにまつわる質問と回答」を追加しています。

最後に、h2の見出しとして「まとめ」を追加しました。

このように、見出しの階層をうまく使って構成を整理しましょう。

ちなみに、SEO記事では基本的にh1は使いません。記事のタイトルがh1の代わりになるので、本文の各見出しはすべてh2からはじめます。

構成をつくるのは大変ですが、最初に整理しておけば何を書けばいいのかが明確になり、原稿を書く作業がスムーズになります。がんばって進めましょう！

h2:アロマの定義

h2:寝るときにアロマがおすすめな理由

h2:寝るときにおすすめのアロマを選ぶ基準
- h3:アロマの効果効能で選ぶ
- h3:好きな香りである

h2:寝るときにおすすめのアロマの種類
- h3:ラベンダー
- h3:ベルガモット
- h3:スイートオレンジ
- h3:ユーカリ
- h3:ティートリー

h2:アロマを使うときの注意点（≒利用方法）
- h3:アロマの原液を皮膚に直接つけない
- h3:香りを強くしすぎない
- h3:子どもやペットの手の届かない場所に置く

h2:その他のアロマにまつわる質問と回答
- h3:ティッシュとコットンどちらがいいのか
- h3:香りの効果が薄く感じるのはなぜか
- h3:100均のアロマでも問題はないか

h2:まとめ

手順③原稿を執筆する

構成ができたら、いよいよ原稿を書く作業に入ります。SEO記事は、主に次の3つのパートから成り立っています。それぞれの役割を見てみましょう。

- リード文：導入のパート。「この記事に自分の知りたいことが書いてありそう。本文を読みたい」と思ってもらう役割
- 本文　：記事のメインであり、大半を占めるパート。読者の知りたい情報を記載する。悩みを解決して満足してもらう役割
- まとめ文：最後のパート。記事の内容を簡潔にまとめる。商品の紹介やメルマガ登録

など、読者に行動を促す役割もある

前段の構成でつくったのは「本文」のパートです。それ以外に、リード文とまとめ文も書きます。それぞれのパートにはある程度決まった「型」がありますので、型に沿った書き方をこれから紹介していきます。

リード文の書き方

まずはリード文の書き方についてです。リード文には、先ほど解説したように「本文を読みたい」と思ってもらえるような内容を書きます。型として盛り込みたいのは、次のような内容になります。

- 読者の疑問
- 悩みへの共感

- 記事の概要
- メディアや筆者の紹介
- 記事を読んで得られる未来

それぞれ必要な理由と、何を書けばいいのかを見ていきます。

読者の疑問

最初に書くのは読者の疑問です。読者の疑問を最初に書く理由は「わたしが抱えているのと同じ悩みだ!」と思ってもらうためです。

たとえば、「アロマ　寝るとき　おすすめ」とGoogle検索する人は「寝るときにおすすめのアロマを知りたい」と思っているはずです。そこで、「アロマを使っている人は『寝るときにおすすめのアロマは？　どう選んだらいいの？』といった疑問を持つことがあるのではないでしょうか。」といった形で、冒頭に読者の疑問をそのまま書きます。

悩みへの共感

2つ目に書くのは、悩みへの共感です。読者の疑問を書くだけでも「あなたに向けた記事です」と伝える効果はありますが、さらに悩みに対する共感を書くことで、より深く刺さりやすくなります。

たとえば、寝るときにおすすめのアロマを知りたい人は、「種類が多すぎてどれを選んだらいいか困る」と思っているかもしれません。そこで、「種類がたくさんあると、どれを使ったらいいのか悩みますよね。」といった形で共感する文章を書きます。

このように、「なぜこのキーワードを検索したのか？」を推測して共感する文章を書くと、読者が離脱する（ページを閉じる）確率を低減できます。

記事の概要

3つ目は、記事の概要です。「この記事では、寝るときにおすすめのアロマや、エッセンシャルオイルを選ぶ基準、正しい使い方をお伝えします。」といった形で、本文の内容を簡単に解説します。それにより、読者に「ほしい情報が書いてありそう」と思ってもらえる効果があります。
本文のボリュームがあるのなら、記事の概要を箇条書きにして伝えてもいいでしょう。

メディアや筆者の紹介

４つ目に書くのは、メディアや筆者の紹介です。たとえば、アロマテラピー１級を持つライターが書いていることや、薬機法や医療法の広告知識を習得した人が監修していることなどです。これらを書くと、権威性につながって記事の信頼性が増します。

ただし、記事によっては権威性をア

ピールしにくいこともあると思うので、その場合は省略しても問題ありません。

記事を読んで得られる未来

リード文の最後には、記事を読んで得られる未来を書きます。たとえば「本記事を最後まで読んだら、寝るときにおすすめのアロマを知ることができます。」のような内容です。本文の情報を紹介するだけでなく、「記事を読んだら読者がどうなれるのか」を書くことがポイントです。その結果、リード文は次ページのような内容になりました。

アロマを使っている人は「寝るときにおすすめのアロマは?どう選んだらいいの?」と疑問を持つことがあるのではないでしょうか。種類がたくさんあると、どれを使ったらいいのか悩みますよね。
そこでこの記事では、寝るときにおすすめのアロマや、エッセンシャルオイルを選ぶ基準、正しい使い方をお伝えします。

****

本記事のライター：ゆらり
アロマテラピー検定1級の資格を保有。実生活では30種類のアロマを使い分け、日々の生活に役立てている。

本記事の監修者：髙橋マキ
看護師歴28年。YMAA（薬機法や医療法の広告知識を習得した広告取扱者）認証を取得済み。医療や健康、マクロビオテック関連の記事を多数執筆している。

****

本記事を最後まで読んだら、寝るときにおすすめのアロマを知ることができます。アロマの使い方や種類に悩んでいる方は、参考にしてくださいね。

本文の書き方

つづいて本文の執筆にすすみます。本文は、前段でつくった構成をもとに書いていきます。何度もお伝えしているように、本文の役割は「読者の悩みを解決して、満足してもらう」ことです。そのために覚えておきたいのが、わかりやすく要点を伝える文章の型「PREP法」です。

P (Point)：結論
R (Reason)：理由
E (Example)：具体例
P (Point)：再度結論

PREP法では、最初に「結論」を述べます。SEO記事の目的は「読者の悩みをとことん解決する」ことですから、解決のための方法を「結論」として最初に紹介することが大切です。次に、なぜその解決方法が有効なのかという「理由」を解説し、納得感を持ってもらいます。つづいて「具体例」を出すことで、読者が自分の身に置き換えて考えられるようにします。最後にもう一度結論を述べることで、読者の理解や満足感を確かなものにします。

PREP法に沿った文章を書くことで、「読者の悩み」に対する解決方法とその理由をしっかりと提示することができます。それにより、読者に満足してもらえる内容になるでしょう。また、PREP法に沿った文章を書けば、「何が言いたいのかわからない文章」になることを防げます。くどい文章にならず、端的にメッセージを伝える効果もあります。

それでは、PREP法を使った例文を見てみましょう。次ページの例文では、「寝るときにアロマがおすすめ」という主旨の結論を最初に記載しⓅ、2番目の文章でその理由を書いていますⓇ。説得力を持たせるために、厚生労働省のWebページの内容を参考

h2：寝るときにアロマがおすすめな理由

寝つきが悪いときや眠りが浅いとき、睡眠中に目覚めてしまうときなどは、アロマを取り入れるのも有効な手段です。P

厚生労働省は、不眠時の対策として寝る前にリラックスタイムを設けたり、快適な寝室環境をととのえたりすることを推奨しています。R

参考：e-ヘルスネット 厚生労働省

好みの香りを嗅ぐと、安心感を持てることや、リラックスした気分になれることもあると思います。「おばあちゃんの家のにおいに似た香りをかぐと、なんだか安心する」という経験をしたことがある人は多いのではないでしょうか。E

このように、リラックスする手段や、快適な寝室づくりの一貫としてアロマの香りを取り入れてみるのもおすすめです。P

にしました。そして、具体例としておばあちゃんの家の香りの話を挙げてE、最後にもう一度結論を書きましたP。

PREP法は、原因や理由があるテーマ、おすすめの方法を紹介する見出しに使うと、メッセージをわかりやすく伝えることができます。しかし、なかにはPREP法に合わない見出しもあります。特に、定義や事実について書くときは注意しましょう。

たとえば「アロマの定義」という見出しの役割は、定義の解説にあたります。「アロマの定義」の本文を書くときに、「アロマとは、日本語

h2：アロマの定義

アロマは日本語にすると『芳香』という意味で、心地よい香りのことです。植物から採取した、香り成分を凝縮した天然の精油（エッセンシャルオイル）を「アロマ」と呼ぶこともあります。

植物の花や果皮、葉、根などから採れるアロマの香りは、人間の脳に働きかける効果があるとされています。リラックスする気持ちや幸福感などをもたらしやすく、さまざまなシーンで活用されています。

で『芳香』を意味します。なぜなら…」とPREP法で理由を書こうとすると「なぜアロマは芳香と言われるのか?」のような話になり、言葉の由来を話さなくてはいけません。そうすると、本題から話がそれてしまいます。

このような場合は、無理にPREP法を使う必要はなく、前ページの例のような形で概要を書けば十分です。PREP法だと違和感があるテーマのときは、臨機応変に文章を変えましょう。

見出しの階層を分けるときの書き方

h2とh3で見出しの階層を分けたとき、本文はどのように書き分ければよいでしょうか? 見出しの階層を分けるときの書き方には、コツがあります。簡単にまとめると、次の3つになります。

- h2の見出しの下にh3のまとめを書く

- h3ではそれぞれの項目を詳しく解説する
- h2とh3に一貫性を持たせる

それぞれのポイントを、1つずつ解説します。

- h2の見出しの下にh3のまとめを書く

h2の見出しのすぐ下に、h3のまとめの文章を書きます。h2の見出しだけでは、h2とh3を使って見出しを分ける理由を伝えきれないからです。たとえばh2の見出し「寝るときにおすすめのアロマの種類」の下にh3として5種類のアロマを紹介する構成の場合、h2直下の本文で「今回紹介する、寝るときにおすすめのアロマは以下の5つです。それぞれおすすめの理由や特徴について解説します。」のように書きます。

- h3ではそれぞれの項目を詳しく解説する

h3では、それぞれの項目を詳しく解説します。今回の例はアロマの紹介なので、以下

h2:寝るときにおすすめのアロマの種類

h3:ラベンダー

h3:ベルガモット

h3:スイートオレンジ

h3:ユーカリ

h3:ティートリー

↓

h2：寝るときにおすすめのアロマの種類

今回紹介する、寝るときにおすすめのアロマは以下の5つです。それぞれおすすめの理由や特徴について解説します。

h3：ラベンダー

h3：ベルガモット

h3：スイートオレンジ

h3：ユーカリ

h3：ティートリー

の例のように、おすすめする理由や特徴をそれぞれ記載するといいでしょう。

●h2とh3に一貫性を持たせる

見出しの階層を分けるときに注意したいのは、h2とh3に一貫性を持たせることです。たとえばh2で「寝るときに効果が期待できるアロマを紹介します。」と言ったのに、h3で「ベルガモットの香りは活気を増加させるといわれていて、集中力を高めたいときに効果が期待できます。」と書いたら、テーマがぶれてしまいますよね。一見テーマに関係しそうに見える内容でも、話がそれると大切なメッセージが読者に伝

h3：ラベンダー

1つ目のアロマはラベンダーです。ラベンダーのエッセンシャルオイルは、ラベンダー畑にあるような紫色の花から抽出されます。ラベンダーの香りはさまざまな場所で使われるので、香りに馴染みのある方も多いでしょう。フルーティーかつフローラルな香りでクセがないため、はじめてアロマを使う人にもおすすめです。

h3：ベルガモット

2つ目はベルガモットです。ベルガモットは……

（以下、他の項目も同様に書く）

わりません。長文を書いていると、何についての記事なのかわからなくなり、ときに迷子になるケースもあるでしょう。そんなときはh2のテーマに立ち返り、h3と一貫性を持たせることを意識してみてください。

まとめ文を書く

最後に、まとめ文を書きます。まとめ文の役割は2つあります。1つは記事の内容を簡潔にまとめること。もう1つは読者の行動を促すことです。

記事の内容を簡潔にまとめることは、言葉どおりなのでそこまで難しくありません。たとえば「今回は寝るときにおすすめのアロマや、使う際の注意点などを解説しました。アロマを寝るときに利用すると、リラックス効果が期待できます。」のように、本文の内容をまとめましょう。

もう1つのポイントは、記事の最後で読者に取ってもらいたい行動を促すことです。SEO記事のなかには、自社商品の訴求やメルマガ登録、問い合わせフォームへの誘導など、読者に次のアクションを促すことが目的のものがあります。クライアントから指示がある場合は、このような「次の行動につなげる文章」を記事の末尾に記載しましょう。クライアントから指示がないときは、内容のまとめだけで十分です。

今回は、まとめ文を以下のように書いてみました。

H2：まとめ

今回は寝るときにおすすめのアロマや、使う際の注意点などを解説しました。アロマを寝るときに利用すると、リラックス効果が期待できます。

〇〇の公式サイトでは、リラックスできる空間を意識した、自社製造のエッセンシャルオイルを販売しています。ラベンダーやベルガモットなど、今回紹介したアロマも多数扱っているので、気になる方はチェックしてみてください。

手順④タイトルを決める

最後に、タイトルの決め方についてご紹介します。タイトルを決めるタイミングにルールはありませんが、わたしは構成をつくったあとに決めるか、原稿を書いたあとに決めることが多いです。おさえておきたいポイントは、次の3点です。以降で、それぞれについて解説していきます。

- キーワードを含める
- 検索結果に表示される文字数を意識する
- 魅力的な言葉を入れる

キーワードを含める

SEOの記事は、Google検索に使うキーワードをもとにテーマを決めます。たとえば「アロマ　寝るとき　おすすめ」というキーワードの記事であれば、これらの言葉をタイトルに必ず含めるようにします。

こまかなテクニックとして、重要なキーワードはなるべくタイトルの先頭に持ってきたほうがいいと言われています。また、1つのタイトルに同じキーワードを何度も使うとくどく見えるので、使うのは一回きりにしましょう。

検索結果に表示される文字数を意識する

タイトルの文字数は、30文字前後がいいと言われています。Googleの検索結果に表示される文字数がそのくらいだからです。

ただし、Googleのアルゴリズムの変更によって、表示される文字数は変わります。わたしがWebライターになったばかりの頃は「28文字が理想」と言われていましたが、その後「35文字が理想」と言われた時期もありました。タイトルの文字数はクライアントの指示や好みによっても変わるので、目安程度に考えていただければと思います。

魅力的な言葉を入れる

タイトルは、読者がページにアクセスするかどうかを判断する大切な部分です。ですから、魅力的な言葉を入れることを意識しましょう。いくつか例をあげます。

- 失敗を回避する言葉を入れる　↓もう困らない
- 読者のベネフィットを表す　↓英語がペラペラになる
- 数字を書く　↓おすすめのフライパン21選
- 権威性を出す　↓歴20年のプロが監修
- 引きの強い言葉を入れる　↓必見、保存版、見ないと損
- 最新の情報であることを表す　↓2024年版

このような言葉を入れることで、記事のクリック率を上げることができます。ただし、

クライアントによっては使用がNGなワードもあるので、相談しながら決めていただければと思います。

今回の例では、次のようなタイトルを考えてみました。

- 寝るときにおすすめのアロマ5選！正しい使い方や注意点も紹介
- 寝るときにおすすめのアロマは？資格を持つプロの視点から解説

タイトル決めでは「ほしい情報が網羅されていそう」「この記事の内容は信頼できそう」など、クリックしたくなる言葉を盛り込むことが大事です。

いい言葉が思い浮かばない場合は、自分が読みたくなると思う記事をリサーチしてみて、どんな言葉が盛り込まれているか分析してみてもいいと思います。

5章のまとめ

5章では実践編として、SEO記事の基礎知識や書き方を解説しました。あらためて、内容を整理しておきます。

SEO記事を書く前に知っておきたいこと

SEO記事の目的は売上アップ。そのために、記事内でクリック型広告の挿入やアフィリエイト商品、自社商品の販売を行うことが多い。

GoogleがSEO記事を評価する基準

- E-E-A-T：専門性、経験、権威性、信頼性の4つ

- YMYL：お金や健康など、人の人生に関わるジャンルは評価が厳しい
- Googleが掲げる10の事実：Googleの活動理念のようなもの

SEO記事の書き方

①キーワードを確認する

クライアントから提示されたキーワードをチェックする。

②構成をつくる

キーワードに沿って、まずは自分の頭で読者の悩みを書き出す。次に競合記事を参考にして、必要な情報を追加する。最後に構成全体をととのえて、見出しの階層をつける。

③原稿を執筆する

リード文は、本文を読み進めてもらえるような内容にする。本文では、読者の

悩みをとことん解決する。まとめ文では、記事の内容を簡単にまとめて、読者に行動を促す文章を書く。

④タイトルを決める

タイトルにはキーワードを含める。読者がクリックしたくなるような魅力的な言葉を入れる。

5章の内容は、ただ読んだだけでは覚えられないと思います。実際に記事を書くときに、この本を片手に作業を進めてみてください。そうすれば実際の流れや作業の詳細がわかり、自分の頭に染み込んでいくと思います。

記事を書くことを繰り返すうちに、本がなくてもこれらの作業をひとりでできるようになれば、SEOライティングの基礎は身についたといえるでしょう。

6

Webライターとして収入を増やすためのヒント

6章では、Webライターが収入を増やしていくためのヒントを紹介します。Webライターの仕事をはじめると、おそらく最初のゼロから1をつくることは達成できます。月1～5万円ほどの目標なら、作業量を増やせば比較的簡単に到達できますが、10万円、もしくはそれ以上となると、仕事の進め方を工夫する必要があるでしょう。また、限られた時間のなかで成果を最大化するためには、自分の市場価値を上げていくことも大切です。本章では、そんな「Webライターが収入を増やして本業にするためのノウハウ」を盛り込みました。

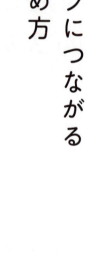

効率アップにつながる仕事の進め方

Ｗｅｂライターの仕事をはじめた人は、何かしらの成功体験を積んでいます。「自分ひとりでライティングの仕事を受注できた」「月5万円の収入を得られた」といった成功体験は、何にも代えがたい喜びになるでしょう。ビジネスパーソンとしてもレベルアップできたように感じられて、自信がつくはずです。

でも、問題はそのあと。Ｗｅｂライターになってもっとも難しいのは、「その後も収入を増やしていき、稼ぎつづけること」だと思います。月1~5万円ほどの目標なら、作業量を増やせば比較的簡単に到達できます。でも、10万円、もしくはそれ以上となると、仕事の進め方を工夫する必要があります。また、限られた時間のなかで成果を最大化するためには、自分の市場価値を上げていくことも大切です。

本章では、そんな「Webライターが収入を増やして本業にするためのノウハウ」を盛り込みました。さっそく具体的な内容を見ていきましょう！

まずは、仕事の進め方の話からです。Webライターになったばかりのときは、手あたり次第に営業して、記事を書き納品する……という流れでも問題ないのですが、案件の数が増えてくると、管理が必要になってきます。Webライターの仕事は納期があるので、限られた時間のなかで記事を書くスピード感を持つことも大切です。

ここでは、自分の現状を客観的に知るための作業記録と、スケジュール管理のコツについてお伝えしたいと思います。

作業の記録を取ろう

Ｗｅｂライターの活動をはじめたら、日々の作業の記録を取ることをおすすめします。自分の書くスピードや時給を数字で把握して、ＰＤＣＡをまわすためです。記録しておきたい項目は、次の通りです。

- 執筆した日時
- 案件名
- クライアント
- 執筆文字数
- かかった時間
- 報酬額
- 時給

日付	クライアント	記事キーワード	文字数	作業時間	報酬	時給換算
2020/5/1			4,200	9.0	2,122	236
2020/5/1			2,704	3.0	2,704	901
2020/5/1			2,000	2.5	2,000	800
2020/5/1			2,387	3.0	1,950	650
2020/5/1			2,177	4.0	500	125
2020/5/1			2,485	2.5	500	200
2020/5/21			4,000	5.0	2,600	520
2020/5/22			4,256	5.0	2,600	520
2020/5/23			4,200	3.5	2,600	743
2020/5/24			4,100	2.5	2,600	1,040
2020/5/28			2,500	7.5	2,716	362
2020/5/30			2,000	3.5	2,000	571
2020/6/2			3,600	4.0	2,476	619
2020/6/3			3,000	6.0	3,000	500
2020/6/4			3,000	2.5	1,950	780
2020/6/5			3,100	2.5	1,950	780
2020/6/7			1,600	1.0	2,800	2,800
2020/6/8			2,400	3.0	2,400	800
2020/6/9			2,100	1.5	2,100	1,400
2020/6/9			2,200	2.0	2,800	1,400
2020/6/12			2,200	2.0	2,200	1,100
2020/6/14			3,400	2.5	500	200

かかった時間は、執筆するときにタイマーやアプリを使って計ります。時給は、報酬額をかかった時間で割って計算すればOK。これらの項目をExcelやスプレッドシートに1記事ずつ記録します。

上の表は、わたしがＷｅｂライターをはじめて2か月経ったときの作業記録です。時給は高いものだと１４００円ですが、一番低いものはなんと１２５円。

みなさんも記録をつけはじめると、数字を見て唖然とするかもしれません。「1記事書くのに10時間以上かかっている……」「時給に換算したらたった100円だった」と、リアルな数字が見えるからです。でも、最初は執筆するのに時間がかかって当たり前です。初心者のうちは早く書けなくて当然なので、心配しないでください。とはいえ、たとえば1記事つくるのに1週間かかってしまうなど、明らかに書くスピードが遅いのなら、何らかの策を講じる必要があるかもしれません。

このように、作業記録のシートは、数字を使って自分を客観視するためのものです。現状を把握して次のアクションを考えるためにつけているので、数字が小さくても気にする必要はありません。シートを見て一喜一憂せず、コツコツ記録をつづけましょう。

悪循環に陥る「時給脳」に注意！

記録表をつけていくと、自分の時給が数字に表れます。このときに焦って「時給脳」にならないよう気をつけてください。

作業記録
クライアント
かかった時間
報酬額
時給
○△様
0:36
カタタ…
0:36
…

時給脳とは、たとえば「この案件をもう少し早く書けば、時給が900円から1000円になる！　もっとスピードを上げよう」と思い、質を顧みないで執筆するような考え方です。当然早く書けば時給は上がりますが、そのせいで質が下がってしまったら意味がありません。

もしWebライターが時給脳になって質の低い記事を納品したら……クライアントは「以前の記事はよかったのに、今回の記事はイマイチだな」とすぐに察するでしょう。Webライターは一般的に「業務委託」という立場ですから、ずっと仕事を発注してもらえるとは限りません。イマイチだと思われたら、もう継続発注はこないかもしれないのです。

クライアントがライターを育てる義理はないので、改善点を直接フィードバックしてくれるとは限りません。何がイマイチだったのか教えてもらえず、「今回のプロジェクトは今月で終了します」と静かに別れを告げられるでしょう。

その結果、早く書く↓一時的に時給は上がる↓質が下がる↓継続依頼終了↓新たな案件を探す↓早く書く（以降、繰り返し）という具合に、悪循環に陥ってしまいます。これでは永遠に営業をつづけるループになり、お客さんとの関係も構築できません。単価やスキルも一向に上がりません。ちなみに、これはわたし自身の体験談です。時給を上げたいあまり、記事を書くスピードを優先してしまい、たくさんのサイレントグッバイを経験してきました。

記事を早く書くのは、時給を上げる最善の方法ではありません。まずは丁寧に記事を執筆して、お客さんに満足してもらいましょう。渾身の記事を書いた結果として時給が下がってしまったとしても、仕事に対する姿勢は相手に伝わります。その姿勢を評価いただけたら、新たな仕事につながるかもしれません。

また、あとのところで説明するようなお客さんとの間で信頼関係を構築する働きができれば（291ページ）、おのずと時給は上がります。時給は目安として記録しておきつつ、今の自分が書ける一番いい記事を納品するようにしましょう。

「時給脳に陥ると負の循環がはじまる」。この言葉を心の隅にとどめながら、記録表をつけていただければと思います。

スケジュール管理をする

次にスケジュール管理について。案件が増えてもキャパシティの範囲内で対応できるよう、いつまでにどの記事を書くのか、スケジュールを立てて可視化しましょう。

スケジュール管理の一歩目は、先ほどの執筆記録を見て、1日あたり何文字生産できるか把握することです。そして、稼働時間内に書ける記事を当てはめていきます。たとえば、わたしが1日に書ける文字数は約5000字。当時執筆していた記事の文字数は1500〜3000字ほどだったので、記事数にすると1日に書けるのは2〜3記事ほどでした。その作業量を、どの時間帯に行うかスケジュールに落とし込みます。以下の表では、1日を朝の9時〜12時、午後の13時〜16時、夕方の16〜19時の3コマに分けてざっくりスケジュールを立てています。わたしの場合は3コマにしましたが、みなさんの稼働時間に応じてコマ数はカスタマイズしてくださいね。

表内のセルの色は、クライアントごとに分けています。A社は緑、B社はピンク、C社は水色、D社はグレーです。たとえば3日（月）の場合、午前のコマではA社の構成を3本つくりました。午後のコマでは、B社の記事の1本目を執筆。夕方は同じB社の2本目の記事を執筆しています。同様に他の案件も、コマ割りに沿ってタスクを当てはめていきま

日付		3	4	5	6	7	8	9
曜日		月	火	水	木	金	土	日
朝	9時〜12時	構成3本	執筆1本目	修正作業	執筆3本目	執筆2本目	休み	休み
午後	13時〜16時	執筆1本目	構成2本	執筆1本目	執筆1本目	執筆2本目		
夕方	16時〜19時	執筆2本目	買い物	通院				

す。記事のボリュームが多いときは、1記事であっても2コマ分とることもあります。買い物や通院など、プライベートの予定もあらかじめ入れておくと安心です。

スケジュールを立てると、いつどの記事を書くかが明確になり、タスク漏れを防げます。1つ注意点として、予定を立てるときは、時間に余裕を持ってスケジュールを入れるといいでしょう。1コマ分あれば執筆できそうな記事でも、あえて2コマ分の予定をおさえておくといいと思います。パンパンにスケジュールを詰めると、万が一トラブルがあったときに身動きが取れなくなるからです。トラブルがなければ、予定よりも前倒しで作業できるので、心に余裕が生まれます。

ちなみにここで説明したのは、わたしが初心者だったときのスケジュールの管理方法です。今はGoogleカレンダーを使っていて、週1回「タスクを整理して次の1週間の予定を決める時間」を取っています。詳しくは324ページで解説していますので、参考にしてください。

単価を上げるWebライターの動き方

ここからはWebライターの単価を上げるための動き方についてお話していきますが、具体的なテクニックの話に入る前に、少しマインドの話をしたいと思います。

これまでさまざまなWebライターさんとお会いして、「努力をつづけてもなかなか単価が上がらない」という質問をたくさんいただきました。全員ではありませんが、そういった方のなかには、次のような思考を持っている人がいます。

- せっかく仕事をもらっているのだから、文字単価0.1円だけどこのままつづけよう

● 自分は高単価の案件にふさわしいスキルを持っていないから、今の単価で十分だ

未経験からWebライターになった人が、こう考える気持ちはわかります。でも本気でWebライターになりたいのであれば、生活できるくらいの収入を得る気概と、自信を持つための努力をすることが必要です。「このままでいい」と考えてしまうと、数字は一向に上がらず、ずっとそのままです。

今の時代、どんな仕事にも最低賃金が定められています。自分の貴重な時間を使って仕事を請け負っているのだから、「低単価のままでいい」なんてことはありません。みなさんの時間には価値があります。

このマインドを持ったうえで、次から紹介する動き方をしてみてください。せっかく行動をしても「自分の価値を上げてWebライターを本業にするんだ！」という気持ちがなければ、成果は出にくくなってしまいます。

自信がないWebライター
低単価
疲弊

次の行動を考えるWebライター
生活できる収入
自信をもつための努力
単価を上げるんだ!

前置きが長くなりましたが、マインドの持ち方はチャレンジをするうえで非常に重要なので、ここで書かせていただきました。ここからは、いよいよ単価を上げるための具体的なヒントをお伝えしたいと思います。次の方法について、それぞれ詳しく見ていきましょう。

①直接営業に移行する
②専門ジャンルをつくる
③ポートフォリオに載せられる実績を増やす
④SNSで発信をする
⑤ライティング以外の仕事を巻き取る
⑥AIに置き換えられない「ライター」になる

①直接営業に移行する

Webライターの仕事に慣れてきたら、直接営業に移行しましょう。直接営業とは、クラウドソーシングなどの仲介サイトを使わずに、企業や個人に直接メッセージを送って営業することです。

クラウドソーシングは便利な仕組みですが、手数料がかかるため、売上の1〜2割が差し引かれてしまいます。文字単価1.5円の仕事を受注しても、実際に手元に入るのは文字単価1.2円分くらいのイメージです。そのため、初心者のうちはクラウドソーシングを利用して、仕事の流れが一通りわかってきたら他の場所で営業するという順番がおすすめです。

直接営業する方法はいろいろありますが、わたしはWantedlyというサイトを利用して企業にアプローチしました。Wantedlyはいわゆる求人サイトのようなもので、大手企業からベンチャー企業まで、さまざまな会社がライターを募集しています。またわたしのまわりには、Ｗｅｂメディアの「ライター募集」というページを見て、営業メッセージをバンバン送って仕事を獲得しているライターさんもいました。

その他、オンラインコミュニティやＸ（旧Twitter）などのＳＮＳも、営業の間口を広げるのに役立ちます。Ｗｅｂライターが仕事を獲得できるのは、クラウドソーシングサイトだけではありません。相手は企業に限らず、個人で活動しているフリーランスやＷｅｂライターもお客さんになりえます。フリーランスやライターのオンラインコミュニティでは、仕事依頼コーナーを設けていることが多く、優秀な方と仕事をするチャンスが転がっています。

このように直接営業する方法はいろいろあるので、まずは使いやすそうなプラットフォームを探してみてください。

②専門ジャンルをつくる

Ｗｅｂライターが単価を上げる手段として特に有効なのが、専門ジャンルを持つことです。得意ジャンルがあれば、その分野の知識が蓄積されて、記事を書くスピードが速くなります。また特定のジャンルの実績がたまれば、似たジャンルのメディアにも営業をかけやすくなります。

たとえば前職でエンジニアの仕事をしていたのなら、ＩＴジャンルに強いライターを名乗ってもいいでしょう。プログラミングに関する記事や、エンジニア転職の記事、仕事で使っていたＩＴツールの紹介記事など、これまでの経験を活かして書ける内容はいろいろあるはずです。

特に単価が高いのは、金融、不動産、美容、医療などのジャンルです。これらのジャンルは動く金額が大きいため、Ｗｅｂライターの単価も高い傾向にあります。

「得意ジャンルなんてないよ！」と思った方がいるかもしれませんが、得意でなくても、これから勉強すれば書けるようになります。たとえば、金融ジャンルに挑戦したいと思ったのなら、お金に関する本を買ってみたり、少額でもいいので投資をはじめたりしましょう。こうした小さなチャレンジから、専門性をつくる一歩がはじまります。

ここまでの話をひっくり返すようですが、わたしはこれといった得意ジャンルを持ち合わせていません。前職でインターネット回線やＩＴサービスを売っていたのでその分野のライターになろうと思いましたが、どうしても興味が持てず断念しました……。

専門ジャンルをつくるのなら、「自分がそのジャンルを好きであること」が大前提です。そのジャンルの執筆やリサーチを楽しめないのなら、無理してジャンルに特化する必要はないと思います。

③ポートフォリオに載せられる実績を増やす

単価を上げるためには、Webライターとしての実績を増やすことも大切です。実績を増やすとは、「わたしが書いた記事はこれです」と、対外的に言える状態にするということです。ポートフォリオと呼ばれる、実績集のようなサイトを持っておくといいでしょう。わたしはedirecoというサービスを使って、今までの制作物やスキルを簡潔にまとめたページをつくりました。

ポートフォリオがあれば、自分の書いた記事を営業時に見せられるようになります。文章力や取引歴がわかるので、信頼性につながりやすくなります。知っている人が多い大手メディアに記事が載ったり、著名人のインタビューをしたりすれば、それだけWebライターとしての権威性も上がるでしょう。

それでは、どのようにして実績を増やせばいいのでしょうか。そもそも前提として、W

ebライターが書く記事には、「実績にしていい記事」と「そうでない記事」の2つがあります。実績にしていいかどうかは、クライアントに質問して判断しましょう。「記名記事」と呼ばれる、Webライターの名前が載る記事であれば、実績にしても問題ないケースが多いです。クライアントに許可をいただけたら、自分のポートフォリオに記事を載せられます。

なかには、Webライターの実績にしてはダメな記事もあります。ポートフォリオに載せてもいいかどうかは必ず確認しましょう。

④SNSで発信をする

Webライターの仕事と並行して、SNSで発信することもおすすめです。X（旧Twitter）、Instagram、YouTubeなど、媒体はなんでも構いません。自分が使いやすいSNSを見つけて、日々の学びやライター活動の記録を投稿するのです。

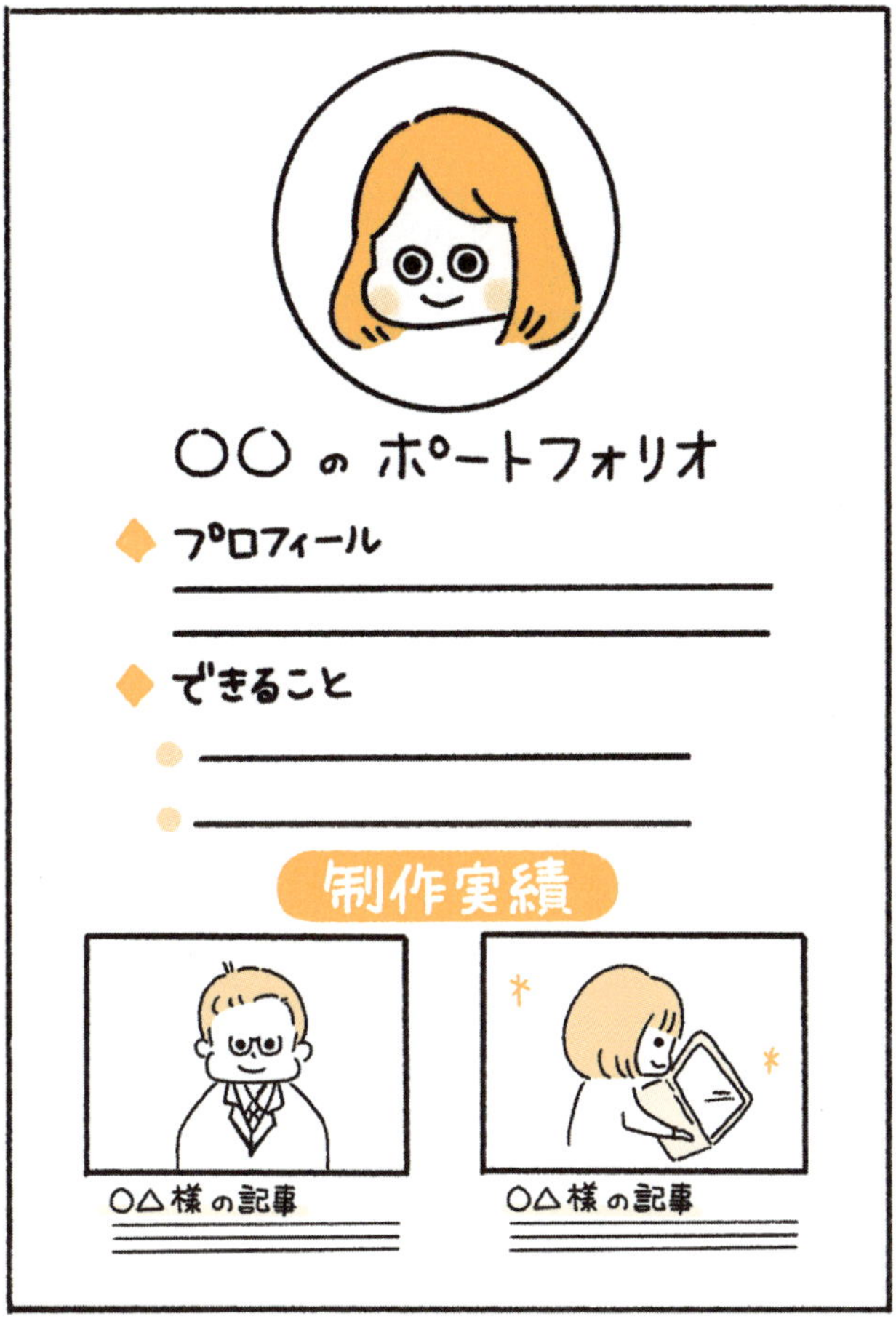
○○ の ポートフォリオ
プロフィール
できること
制作実績
○△様の記事
○△様の記事

「SNSで発信？　自分なんかが発信しても誰も見てくれないのでは……」と思った方もいると思います。たしかに最初のうちは、見てくれる人は少ないでしょう。でも継続すれば、あなたのストーリーやキャラクターに興味を持ってくれる人が現れます。わたしのまわりには、フォロワーが数百人でも雑誌にエピソードが載った方や、投稿が著名人の目に止まって仕事の依頼につながった方がたくさんいます。

発信をつづけると、自分を好きになってくれる人が増えて、仕事につながることもあります。さらに、SNSで影響力が生まれると、自分から営業しなくても案件の依頼をもらえるようになります。自分を応援してくれる人が増えれば、Webライターの仕事をがんばるモチベーションにもなるでしょう。

SNSで発信するコツは、「昔の自分が見ても心がざわつかない言葉を使う」「オフラインで言えないようなことは言わない」この2つです。上から目線の内容や特定の誰かを批判するような内容は、見ていて気持ちのいいものではないですよね。最近のSNS

は、いかに注目をひきつけるかが問われる場のようになっていますが、Ｗｅｂライターとして運用するのなら、そのようなことを考える必要はありません。

それよりも、仕事で成果を出したコツを共有したり、同じ目標を持つ人と関係をつくったりするほうがよっぽど有意義です。そうすると信頼関係が蓄積されて、ライターの仕事に相乗効果をもたらす強力なツールになります。

⑤ライティング以外の仕事を巻き取る

Ｗｅｂライターが収入を上げるのなら、ライティング以外の仕事を巻き取ることもおすすめです。たいていのクライアントは、自分の手間を減らすためにＷｅｂライターに仕事を外注しています。つまり、やることが多くて忙しいのです。ですから、Ｗｅｂライターがライティング以外の仕事を巻き取れるようになると重宝されます。

たとえば、SEO記事の執筆だけでなく、WordPressというシステムに入稿する作業や、画像挿入の作業などを「よろしければわたしが行いましょうか?」と提案してもいいでしょう。作業範囲が増えれば、その分の単価を上乗せしていただけるケースもあります。

このような「巻き取れそうな仕事」は、クライアントと話してみなければ見つけにくいものです。オンラインでいいので、定期的にミーティングをして普段の業務について話をするといいと思います。顔を合わせて話すと、Webライターとクライアント間で共有する記事管理表の使い勝手や、メディアの改善したい部分についてヒアリングできるかもしれません。

Webライターとして生き抜くには、目の前の相手に貢献することが一番の近道です。仕事の依頼がなくなってしまったら、Webライターとして生きていけません。「指示された作業をするだけのWebライター」になってしまうと、おそらく依頼はこなくなるでしょう。昔のわたしはまさにそのタイプだったので、仕事の依頼がなくなるとともに収入も下がっていきました。

そうならないためには、クライアントとの間で信頼関係を構築してリピート依頼をもらえるよう努力する必要があります。その手段として、ライティング以外の仕事を巻き取ることを紹介しました。今できそうなことを見つけて、相手の役に立つような立ち回りをしましょう。

⑥ AIに置き換えられない「ライター」になる

具体的なテクニックから少し話はそれますが、Webライターとして活動しつづけるという視点から、AIについても軽くふれておきましょう。

Webライターが身を置くオンラインの世界は、市場の動きがひときわスピーディーです。つい数年前はSEO記事の執筆がWebライターの主な仕事でしたが、今ではAIが台頭して、その仕事も淘汰される未来が近づいてきたのかもしれません。わたし自身、生成AIのChatGPTが話題になったときは特に強い不安を感じました。SNSで「Webライターの仕事はなくなる」「AIに置き換えられるようなライターは淘汰される」という投稿をたくさん目にしたからです。でも、AIに置き換えられないために、今すぐにできる解決策はありません。不安に思っても仕方がないので、今ある仕事に一生懸命取り組むのが、Webライターの生き残る道だと思います。

ただ、それだけだと精神論になってしまうので、現時点の個人的な考えをお伝えしますね。Webライターが生き残るためには、仕事に「人間らしさ」を乗せること。そしてWebにとどまらない「ライター」になることが、生き残るヒントだとわたしは考えています。

まず、人間らしさについて。たしかにＡＩは優秀です。人間が書く記事よりも、質の高い成果物を短時間で書き上げてしまいます。でも、人間のライターにしかできない仕事もあります。たとえば、自分の経験や意見を織り交ぜた記事の執筆。リアルタイムで視聴者に雰囲気を伝えられる公開インタビュー。顔や声を出して文章の書き方を教えるライティングの講義。これらは、今のところは人間の仕事です。

このように「誰かの話に耳を傾ける」「誰かに話を伝える」などの行為が必要になる仕事は、ＡＩに淘汰されにくいと思っています。「自分らしさ」が乗る、人間にしかできない行為だからです。

「この人の話を聞きたい」「この人の記事を読みたい」という、「人」に依存したニーズはこれからも一定数あります。そんな仕事を手掛ける人材になれば、淘汰されるリスクを回避できるのではないでしょうか。

もう1つは、Ｗｅｂにとどまらない「ライター」になること。Ｗｅｂライターが書く記事はＳＥＯ記事が多いのですが、そうしたオンラインのお役立ち記事は、おそらく今後はＡＩが書くことになるでしょう。

そのためＷｅｂライターが生き残るには、Ｗｅｂにとどまらない「ライター」になる必要があると思っています。外に出て誰かに取材をしたり、イベントに参加してレポートを書いたりするなど、ＡＩに奪われないよう手がける仕事の領域を広げていくイメージです。

すべての仕事が一気にＡＩに奪われるとは考えにくいですよね。時代は確実に変化していきますが、それでもグラデーションです。ＡＩの本格的な時代がくる前に、「ライター」としてできることを増やしていくことが、淘汰されないために大切なことだと考えています。

取材
講義
人間にしかできない
AI

仕事の幅を広げてステップアップする方法

最後に、Ｗｅｂライターが収入を増やすためのヒントとして「仕事の幅を広げること」を提案したいと思います。

Ｗｅｂライターが収入を増やすにはいろいろな方法があります。たとえば、ジャンルに特化したライターになるのも1つの手です。285ページで紹介したように、「ＩＴに強いライター」のような得意ジャンルをつくって専門性を武器にすれば、「ＩＴライターといえば○○さん」のような肩書がつきます。さらに、そのジャンルの知識や執筆実績が増えれば、単価も上がりやすくなるでしょう。

一方、収入を増やす方法としてわたしがおすすめしたいのは、仕事の幅を広げることです。1つのジャンルに特化するのは、向き不向きがあります。わたしのように、広く浅くいろいろなことにチャレンジしたいタイプの人もいると思います。その場合、1つのことを極めるよりも、さまざまなことをできるようにしたほうが、自分の仕事の幅が広がるのではないでしょうか。

わたしの場合、最初はSEO記事しか書いていませんでしたが、少しずつそれ以外のいろいろな仕事を手がけるようにした結果、Webライターとしてステップアップできてきたように思います。たとえば、SEO記事の執筆以外には、次のような仕事があります。

①ディレクション
②Kindle 出版サポート
③LPのライティング

④インタビュー
⑤メルマガ

本章の最後では、これらの仕事について簡単に解説したいと思います。ただし、前提として覚えていただきたいのは、「すべての案件のベースにはSEOライティングがある」ということです。わたしが仕事の幅を広げられたのは、それまで何百本とSEO記事を書いてきて、Webライティングのスキルが基盤になっていたからです。

そのため、仕事の幅を広げる前にまずはたくさん記事を書いて、ベースになる文章力を身につけましょう。これから紹介する案件に取り組みたいと思う方は、4、5章で紹介したSEOの基本をコンプリートすることを優先してくださいね。

では、それぞれの仕事内容について解説していきます。

①ディレクション

最初に紹介するのは、「ディレクション」の仕事です。ディレクションを担当する人を「ディレクター」と呼びます。案件によってディレクターの役割は違いますが、わたしがやっていたのは、次のような他のWebライターをまとめる仕事でした。

- Webライターを募集、採用する
- メディアのレギュレーションをつくる
- Webライターに記事を割り振る
- スケジュール管理をする
- Webライターが書いた記事をチェックする
- 必要に応じてミーティングや対面でフィードバックをする

ディレクターになると、他のWebライターの記事をチェックする機会が増えるので、

「いい文章」を言語化する回数が増えてスキルアップにつながります。

ディレクターになるタイミングは人によりますが、わたしの場合は、とある企業からSEO記事をたくさん発注いただけるようになったことがきっかけでした。ひとりでは書ききれない量だったので、お客さんと相談したうえで他のWebライターの方に執筆をお願いして、自分はディレクターになったという流れです。

ディレクターになれば、他の人に手伝っていただけるので、手がけられる案件の数がそれだけ多くなります。一方、コミュニケーションにかける時間が増えます。個々のWebライターによって、記事の質が変わらないような工夫も必要です。他の人とコミュニケーションを取るのが得意な方や、他のWebライターをまとめるような仕事がしたい方は、ディレクターの仕事を検討してもいいと思います。

ディレクター
記事
記事
記事
記事
レギュレーション
かくにん
記事
Webライター募集
フィードバック

② Kindle出版サポート

2つ目に紹介するのは、Kindle出版サポートです。Kindle出版サポートとは、Kindle（Amazonの電子書籍サービス）の出版をサポートする仕事です。業務範囲は、原稿の執筆、テーマやタイトル決め、構成づくり、入稿作業など多岐にわたります。わたしは自分がKindle出版したのを機に、他の方から「出版を手伝ってほしい」とお声がけいただけるようになりました。また、他のライターさんから依頼をいただき、一緒にKindle出版サポートの仕事をした経験もあります。

Kindleの文字数は1〜3万文字が一般的なので、SEO記事と比べるとやや長めです。そこそこ長い文章を書くので、文章力に加えて編集スキルが問われる仕事といえるでしょう。長文の原稿が書けるようになると、そこから書籍の編集の仕事もいただけるようになったりと、ステップアップできる可能性が広がります。

Kindle出版サポートをするときのポイントは、原稿を書くだけでなく他の作業も一緒に巻き取ってしまうことです。Kindleを出版するときは、表紙の制作やシステムの入稿作業が必要になります。はじめて出版されるお客さんには、このような作業を代行して請け負うとKindle編集者として重宝されるでしょう。

そのためには、まず自分でKindle出版を経験してみるのがおすすめです。Kindle自体は出版社を経由しなくても誰でも出せるので、やろうと思えば簡単に出版できます。一連の作業の流れや出版のメリットを知っておくと、Kindle出版サポートの仕事をする際に幅広く作業を巻き取りやすくなります。

③LPのライティング

3つ目に紹介するのはLPのライティングです。LPとは〝Landing Page〟(ランディングページ)の略。商品の販売を目的につくられた縦長のWebサイトです。SE

O記事は、読者の悩みを解決して、商品の購入やメルマガ登録などにつなげることが目的です。一方、LPの目的は「商品を売る」の一点に絞られます。そのため、商品の魅力を伝えて「自分に必要だ」と思ってもらい、購入につながる文章を書くのがWebライターの役割です。LPはSEO記事とは書き方が異なるので、セールスライティングの本や教材を読んで勉強しましょう。

わたしはWeb制作（Webページをつくる仕事）をしている方からSNS経由でお声がけいただいてLPを制作しました。Web制作をしている人は企業や個人からLPの制作依頼を受注しますが、彼らはライティングのプロではありません。そのため「LPに記載する文章をライターに書いてもらいたい」「文章のパートだけ外注したい」と思っているケースがあるのです。

LPのライティング案件は、クラウドソーシングや求人サイトでも探せます。ただ個人的には、SNSやオフ会などでWeb制作を生業にしている人と関係を構築するほうが、ライバルが少ないのでおすすめです。

④インタビュー

4つ目に紹介するのはインタビューです。インタビューはみなさんが想像されるように、特定の人物に取材した内容を記事にする仕事です。

インタビュー記事は「取材」をするので、記事を書くだけではなく「人と話し、相手からストーリーを引き出す力」が求められます。そのため、SEO記事を書いてきたWebライターの方にとっては、ハードルが高いと感じられるかもしれません。

でも、インタビューは練習すればできるようになります。わたしはX（旧Twitter）のスペースや音声配信アプリの対談などを使って知り合いに取材をさせてもらい、何度か練習を積みました。

そもそも「誰かの話を聞く」というのは、意識しないと難しいものです。雑談をしているだけではインタビューが成立しません。X（旧Twitter）のスペースや音声配信など「リスナーがいる場所」で対談をするのは、いい練習になると思っています。なぜなら「リスナーにどんな役立つ情報を届けられるかな？」という視点を持って、相手の話を聞けるからです。

このように、インタビューに興味がある方は、まずは身近な人に「インタビューさせてほしい」とお願いして練習するのがおすすめです。できればリスナーがいる場所で公開インタビューをすると、気が引き締まると思います。練習を重ねれば取材に対する心理的ハードルが下がり、インタビューの仕事を受けやすくなるはずです。

⑤メルマガ

5つ目に紹介するのは、メルマガ（メールマガジン）です。Webライターは、主に影響力のあるインフルエンサーや、企業が発信するメルマガの「中の人」になって文章を書きます。メルマガは、わたしの知っているなかでは2つの種類に分けられます。

1つは、週1回などの定期、もしくは不定期でコンスタントに情報を届けるタイプのメルマガ。このケースでは、読者に価値を届けて、発信者のファンを獲得することが主な目的です。発信者が提供できる情報を、自分のなかに落とし込んで文章にする意識が必要になります。

もう1つは、7日間など期間を定めて毎日メールを送り、最後に商品を案内するタイプのメルマガです。このケースでは、読者に価値を提供して、最終的には商品を売ることが主な目的です。このタイプのメルマガでは、届ける情報にストーリーを持たせた「シナリオ」を組む必要があります。メールを読むたびに読者が「このメルマガの情報は役に立つな」「自分にも同じ成果が出せるかも」と思ってもらえるような、読後体験を考えてメルマガを書くのです。そのためには、あらかじめシナリオの組み方を学んでおくといいでしょう。

わたしは知り合いのライターさんからご依頼をいただき、インフルエンサーのメルマガ運用代行を請け負っていました。人づてで仕事を探してもいいと思いますし、直接インフルエンサーの方に営業してみるのもおすすめです。ただし、いきなりインフルエンサーに営業しても発注してもらえる可能性は低いので、まずはオンラインコミュニティなどに入って相手との間に信頼関係を構築するのがいいでしょう。

SEOの記事が一通り書けるようになれば、メルマガの執筆はそこまで難しくありません。興味がある方は、このような知識も学んでみてください。

6章のまとめ

6章では、Webライターが収入を増やすためのヒントを紹介しました。内容をおさらいしましょう。

効率アップにつながる仕事の進め方

- 作業の記録を取る。自分の執筆スピードや時給を数字で可視化して、次のアクションを考える
- スケジュール管理をする。作業記録を見て、自分が1日に生産できる文字数から逆算してスケジュールを組む

単価を上げるWebライターの動き方

- 直接営業に移行する
- 専門ジャンルをつくる
- ポートフォリオに載せられる実績を増やす
- SNSで発信をする
- ライティング以外の仕事を巻き取る
- AIに置き換えられない「ライター」になる

仕事の幅を広げてステップアップしよう！

- ディレクション
- Kindle出版サポート
- LPのライティング
- インタビュー
- メルマガ

Webライターがぶつかる大きな壁は「その道で食べていくこと」です。昔のわたしは、ただSEO記事を大量に書いて、文字単価から計算した原稿料をいただいていただけでした。そのときはなかなか収入が上がらず、「自分はただ文字を生み出しているだけだな」と思っていたのを覚えています。でも、この章で紹介したテクニックを実践して仕事の幅を広げていったら、いただける依頼が増えました。

ただし、章の冒頭でも触れましたが、これらのテクニックを実践するうえで、SEOの基礎知識が身についていることが前提となります。

みなさんが同じように壁にぶつかったときは、この章で紹介したことを繰り返し読んで試してみてください。Webライターとしてステップアップするきっかけだけでなく、ビジネスパーソンとしても成長できると思います。

7

Webライターで成功するための時間やお金・マインドの話

最後の章では、少し視点を変えて仕事以外の話をしましょう。1つ目は、多くのWebライターにとって課題になりやすい「時間の管理」。2つ目は、個人で働くのなら必ず考えなくてはいけない「税金対策」。3つ目は、前向きに働くための「マインドの持ち方」についてお伝えします。

一見仕事と関係ないように見えるかもしれませんが、こうした複合的な要素を知っておくと、Webライターの活動は楽になります。

時間・スケジュール管理のコツ

Ｗｅｂライターのメインの仕事は「文章を書くこと」ですが、その他にも意識したいことはたくさんあります。たとえば時間の使い方。時間を効率よく使えなければ、いくら書くことが好きでも仕事にはできません。それに、Ｗｅｂライターを仕事にして収入を得るとなれば、税金の問題も避けて通れないでしょう。副業であれ本業であれ、税金に関する知識は必須です。また、前向きに仕事を進めるためのマインドも大切です。気分が落ち込んだままでは、質の高い記事はつくれません。日頃からご機嫌でいるためのマインドづくりも、Ｗｅｂライターになるうえでは重要です。

本章では、そうした副次的な要素について解説します。特に大切な項目をピックアップしたので、できるものから取り入れていってくださいね。

まずは、時間やスケジュール管理のコツについてお伝えしていきます。Webライターは稼働時間が決まっているわけではないので、自己管理能力が求められます。極端な話ですが「今日は仕事したくないから、作業しなくていっか！」この状態をWebライターが1か月つづけたら、言わずもがなその月は無収入になります（笑）。そうならないためには、時間やスケジュール管理のコツをおさえましょう。集中力をキープするコツや時短の方法、スケジュール管理におすすめのツールなどを紹介します。

集中力をキープできる！ ポモドーロ・テクニック

「文章を書く」という行為は、なかなか頭を使うものです。ずっと書きつづけているとだんだん頭が疲れてきて、執筆できなくなってくる……なんてケースもあるでしょう。そんなときにおすすめなのが、「ポモドーロ・テクニック」という仕事術です。

① 「25分作業→5分休憩」を3回繰り返す
② 4回目の25分作業が終わったら20分休憩する
③ ①に戻る

このように、時間を区切って作業を進めます。ポモドーロ・テクニックのいいところは、集中力が長時間つづきやすくなる点です。

ポモドーロ・テクニックを知る前のわたしは、集中力が切れるまでずーっと記事を書きつづけていました。長いときは半日以上、ずっとパソコンとにらめっこをしていたわけです。そうやって記事を書き終えると達成感はあるのですが、目がしょぼしょぼし、頭もぼーっとして強い疲労感がありました。最初の2〜3時間は集中できても、そのあとはほとんど集中できなかったのです。でもポモドーロ・テクニックを使ったら、コンス

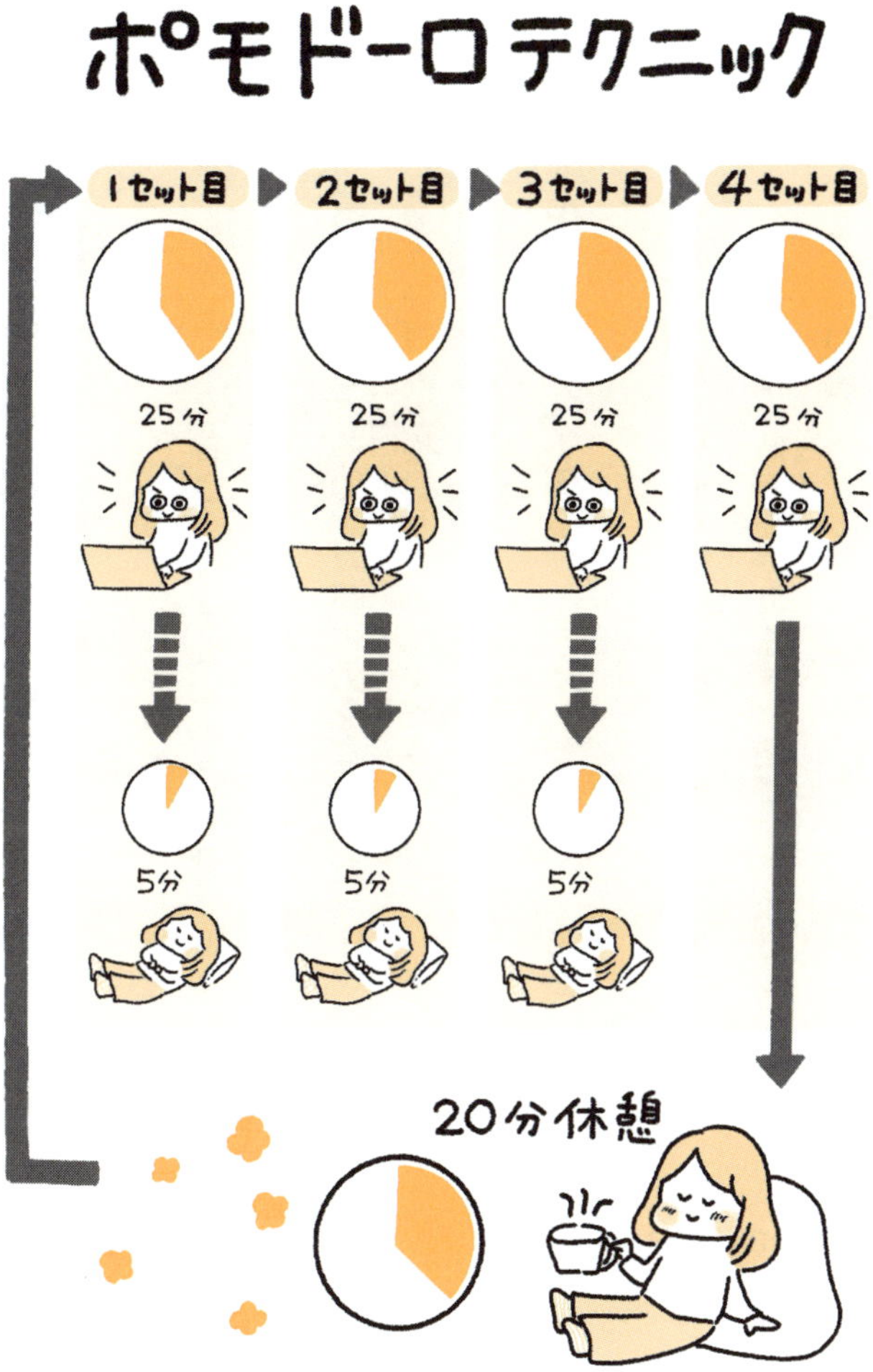
ポモドーロテクニック
1セット目
2セット目
3セット目
4セット目
25分
25分
25分
25分
5分
5分
5分
20分休憩

タントに集中力をキープしつつ執筆できるようになりました。25分ごとに休憩を挟むので、脳や目の疲れがたまりにくいのかもしれません。

ポモドーロ・テクニックはさまざまな場所で紹介されている仕事術で、専用のYouTube動画もあります。雨の音や波の音など自然音が流れるので、音楽が気にならずに集中できるのもいいところです。集中力をなかなかキープできない方は、ぜひポモドーロ・テクニックの導入を検討してみてくださいね。

作業を効率化するアイデア

次に、Webライターの作業を効率化するコツを紹介します。ガジェットやツールをうまく活用できれば、大幅な時短になります。実際にわたしがやってみて効果があったものを2つ紹介しますね。

- 音声入力を活用する
- スマホとパソコンを併用する

それぞれ詳しく見てみましょう。

音声入力を活用する

1つ目は音声入力の活用です。音声入力とは、自分で話した内容を文字起こしする機能です。タイピングと音声入力を併用すると、集中力が落ちたときや気分転換したいとき、すきま時間を使いたいときに役立ちます。

たとえば、「Googleドキュメントの音声入力機能。あまり精度は高くありませんが、ランチを食べて眠くなってきたときなどに、音声入力を使えばリフレッシュしながら執筆できます。

また、音声入力できるメモアプリを使うのもおすすめです。たとえばiPhoneのメモアプリでは音声入力ができます。知り合いの副業ライターの方は、通勤で歩くときにはiPhoneのメモを使って音声入力をしている、とおっしゃっていました。

効率よくすきま時間を活用されている、いい例ですよね。わたしは、執筆のしすぎで腱鞘炎になったときに音声入力をフル活用しました。手首に負担がかかるときは音声に切り替えて執筆できるので、音声入力を使えるようにしておいて損はありません。

スマホとパソコンを併用する

2つ目は、スマホとパソコンの併用です。パソコンに加えてスマホで作業できる状態を準備しておけば、すきま時間を活用しやすくなります。

おすすめのツールは、Googleドキュメントです。Googleドキュメントに構成をつくって保存しておけば、外にいるときにスマホを使って執筆できます。病院の待ち時間や公共交通機関に乗っているときなどにもおすすめです。この他にもiPhoneのメモアプリやEvernoteなど、パソコンとスマホの間で文書を同期できるアプリはたくさんあります。

家にいるときはパソコンで作業をする。外にいて少し作業できそうなときはスマホを使う。このように、パソコンとスマホをうまく使い分けてみてください。忙しいビジネスパーソンや子育て世代の方も、すきま時間をうまく使えば作業を進めやすくなると思います。

スケジュール管理やコミュニケーションにおすすめのツール

Ｗｅｂライターになると執筆用のツールをよく使いますが、その他にもスケジュール管理やタスク管理のツールも持っておくと便利です。わたしが仕事を進めるのによく使うおすすめのツールと、その使い方を紹介します。

Googleカレンダーでスケジュールを立てる

Googleカレンダーは、カレンダー形式でスケジュールを管理できるツールです。わたしはタスクの管理と、毎日の作業を管理するツールとして使っています。

スケジュールを立てるときは、毎週金曜日の午前に時間を取って、次の週のタスクを決める「手帳タイム」を設けています。整理するのは次の項目です。

- 仕事のタスク
- 急ぎではないけれどやりたいタスク

● プライベートの予定

これら3つを洗い出して、次の1週間の予定にどんどん組み込んでいくのです。そして、月曜日からはカレンダー通りに予定を遂行します。

スケジュールを立てるときは、なるべく余白を持たせましょう。予定がびっしり埋まると、それだけで「あぁ、なんだか忙しいな」と憂鬱な気持ちになりやすいです。わたしはスケジュールはびっちり埋めず、週に2〜3つは数時間分の予備タイムを入れています。

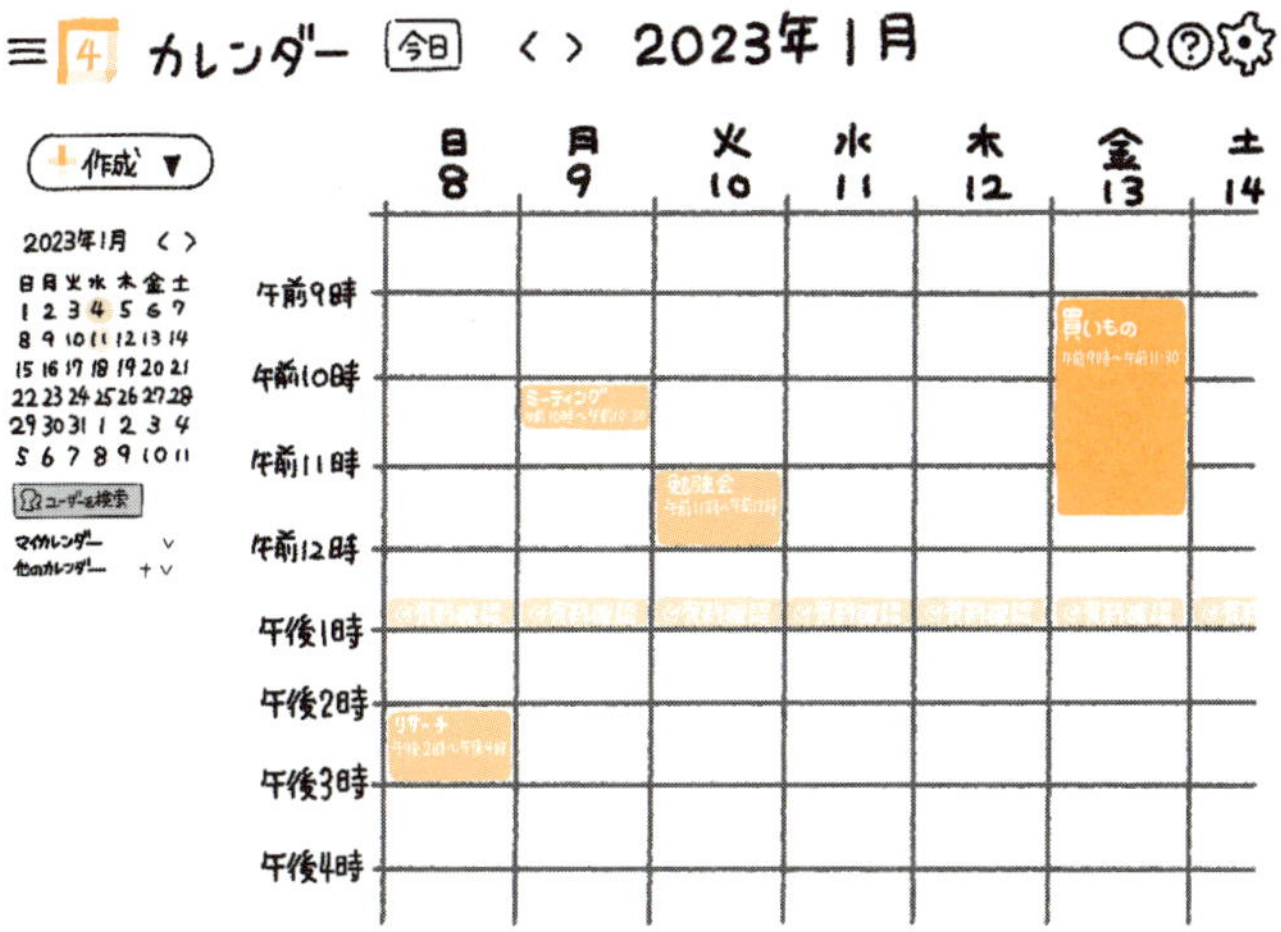

Googleカレンダーには、「TODOリスト」という機能があります。TODOリストは、期日を決めてタスクを管理できるものです。これを使えば、いつまでに何をやらないといけないのかが一目でわかります。Googleカレンダーは視覚的に操作できるので、はじめてスケジュール管理ツールを使う方にもおすすめです。

コミュニケーションにはチャットツールを使う

クライアントやその他の仕事関係者とのやり取りには、チャットツールを使うのがおすすめです。相手によってツールを使い分けますが、わたしは主にChatwork、Slack、Discordの3つを使用しています。どれも視覚的に操作できて、必要に応じてメンバーをスレッドに入れたり、プロジェクトごとにスレッドを分けたりと、便利な機能が備わっています。

これらのツールを使ってコミュニケーションをするときは、スタンプをうまく使いましょう。チャットツールには、スマイルマークやお辞儀しているスタンプなど押して、他の人の投稿にリアクションできる機能があります。ツールによっては「承知しました」「ありがとう」「お願いします」などの文字入りのスタンプを追加できるので、文章で返信を書かずにメッセージを伝えられます。たとえば、すぐに返事できないときでも「確認します」というスタンプを押せば「あとで確認してくれるんだな」と相手に伝わりますよね。

仕事を進めるうえで、他の人とのやり取りは必須です。コミュニケーションを効率よく行うためにも、こうしたコミュニケーションツールを使うのはおすすめです。

自分が集中できるタイミングを把握する

Webライターが仕事を進めるうえで大事なのは、自分が集中できるタイミングの把握です。たとえばわたしの場合は、午前中は頭がシャキッとしているので、比較的難易度が高い作業をしています。たとえば、書籍の編集など長文を書く仕事や、はじめて着手する仕事などです。午後はランチを食べて少し頭がぼーっとしてくるので、音声配信の録音をしたり、比較的慣れている仕事をしたりします。夕方になると集中力が再び戻ってくるので、午前中に進めていた仕事のつづきを進めます。

このように、時間帯によって集中力は変わるもの。おそらく、午前中が一番作業がはかどる方が多いのではないかと思います。仕事をするときに「今の時間の集中力は高いかな？　低いかな？」と自分を観察してみると、傾向がわかってくるはず。自分のゴールデンタイムを見つけて、それに合わせて仕事内容も変えてみましょう。

ときにはリフレッシュも大事。休みの取り方

Webライターの仕事は、稼働時間が決まっていません。気づかないうちに、長時間労働になる日もよくあります。だからこそ、きちんと休む時間を取りましょう。リフレッシュをしてこそ、仕事の生産性が上がるものです。

わたしは基本的に会社員のパートナーに合わせて休むので、1週間のうち稼働するのは基本的に5日間。週のうち2日間は休みにしています。そして1日のなかでも、パートナーが帰宅したら基本的に仕事はせず、家族と一緒にすごします。彼の帰りが遅いと、その分仕事時間も長引いてしまうのですが……（笑）。

ただ、仕事がたまっているときは家族が帰宅したあとに働く日もあります。それでも遅くても22時までには終わらせるようにしていて、22時以降は基本的にパソコンはひらきません。夜までずっとパソコンを見ていると、目がらんらんとして寝られなくなるからです。このように、適度に休むためにはルールを設けましょう。わたしの休みのルールをまとめると、次のようになります。

【わたしの休みのルール】

- 1週間のうち2日は休む
- 基本パートナーが帰宅したら仕事はしない

● どんなに遅くても、22時以降は仕事をしない

働きすぎて心身の状態が悪くなってしまったら、元も子もありません。ほどよく休む時間を取るからこそ、仕事のパフォーマンスは上がるものです!

Webライターが避けてとおれない税金の話

Webライターの仕事で得た収入には税金がかかります。副業、本業に関わらず、条件に該当する場合は確定申告をしなくてはいけません。

個人事業主の場合は48万円の基礎控除が受けられるので、1年間の所得（売上から経費を引いた額）が48万円以下であれば、確定申告は不要といわれています。

https://www.nta.go.jp/taxes/shiraberu/taxanswer/shotoku/1199.htm

確定申告が必要かどうかは人によって条件が違うので、国税庁のサイトなどでチェックしてみてください。

会社員であれば、基本的に給料から税金が天引きされるので自分で申告する必要はありませんよね。でもＷｅｂライターは個人の事業なので、自分で売上や所得を計算して書類を出す必要があります。

正直、税金関係の事務作業はものすごく難しいです！（泣）もともと経理に詳しい方や、簿記の知識がある方なら問題ないでしょう。でもわたしは数字に関する処理がまるっきりダメで、税金や確定申告の勉強をするのに大変苦労したタイプです。

Ｗｅｂライター1年目のときは、青色申告会に入り、帳簿の仕方を手取り足取り教えてもらいました。進め方はなんとなくわかりましたが、数字の計算が大の苦手なわたしにとって、税金関係の事務作業は本当にストレスでした。

でも今は、まわりの人の力を借りながら経理関係の処理がスムーズにできるようになっています。ここでは、わたしの経験をもとに、どのように対処したらいいのかヒントをお伝えします。

会計ソフトを使おう

確定申告をするためには、日々の帳簿をつける必要があります。「帳簿なんてつけた経験はないんだけど…」「そもそもなにから始めればいいのかわからない！」こんな声が聞こえてきそうですが、会計ソフトを使えば、これらの問題は解決できます。銀行口座やクレジットカードの入出金など、必要な項目を入力（もしくは自動読み込み）すれば、自動的に記帳してくれます。

会計ソフトは有料ですが、このお金をケチると、すべて手作業で行わないといけません。全部自分で進めるほうが数十倍大変なので、会計ソフトの購入費は必要経費と考えましょう！

代表的なものだと「マネーフォワード」「弥生の青色申告」「freee」などがあります。どれも確定申告の代表的な会計ツールです。会計ツールは他にもいろいろなものがあり、どれも基本的な機能は備わっているので、ご自身に合うものを探してみてください。

事業用の銀行口座をつくろう

税金の作業を楽にするために、事業用の銀行口座は必須です。プライベートの銀行口座といっしょくたにすると、記帳項目が増えて大変になってしまうからです。わたしは以前銀行口座を一緒にしていたので、スーパーで買った300円ほどの1パックの卵でさえも記帳することになり、時間がかかりすぎてものすごく後悔しました。

今は、GMOあおぞらネット銀行で個人事業主用の口座を使っています。Webライターの収入はその口座に振り込まれ、数か月に一回生活費をプライベート口座に移しています。

勉強のための書籍や新しいパソコンの購入、仕事関係者との食事など、仕事にまつわる出費は経費にできます。こうした出費も、事業用口座から支払うようにすれば、経費の計算がしやすくなるのでおすすめです。

税金の作業は、「いかに日々の負担を楽にするか」にかかっています。少しずつでいいので、作業を減らすために、なるべく早い段階で事業用の口座をつくりましょう。

お金のプロに頼るのがおすすめ

会計ソフトを導入しても、そううまくいかないのが現実です。わたしは自分でソフトを使って入力しましたが、できあがった申告書類はめちゃくちゃな内容でした。確定申告会場に持って行ったときに、担当者の方に見てもらったのですが「これだと帳尻が合わないから青色申告の控除をもらえないよ」と言われました。税金や簿記に詳しくない素人は、会計ソフトを使っても、うまく書類がつくれないのです……。

同じように迷う方がいたら、プロに力を借りましょう。たとえば、地域の青色申告会に入れば、税理士さんに頼むよりも良心的な価格でサポートをしてもらえます。経費の考え方や、記帳の仕方について指導も受けられます。

その他には、税理士さんや経理に詳しい方に外注するのも1つの手段です。青色申告会よりも金額は高くなりますが、毎月の会計ソフトの記帳から確定申告の書類作成・提出まで一気通貫で代行してもらえます。

プロの方に入っていただくと不安が減りますし、節税対策のアドバイスももらえます。外注できるくらいの金銭的な余裕が出てきたら、税理士さんや経理のプロに力を借りることも検討してみましょう。

経理や確定申告のサポートをプロにお願いしたいときは、仕事を受発注できるプラットフォームの「ココナラ」を使うのがおすすめです。確定申告書類の作成を手伝ってくれる税理士の方や、記帳の代行をしてくれる方などが登録していて、自分の予算に合ったプランを選べます。過去にココナラ上で仕事を依頼した人たちのレビューも見られるので、第三者の評価を見てから依頼するかどうかを判断できるのもいいところです。

他には、知人にお願いするのも1つの手です。記帳や確定申告の書類作成は個人情報がモリモリ入るものなので、信頼できる人にお願いしたほうが安心ですよね。まわりにそうした仕事が得意な方がいたら、サポートをしてもらえないか一度相談してみてもいいでしょう。

Ｗｅｂライターの仕事をつづけるマインド

最後は、マインド面の話です。Ｗｅｂライターの仕事において、マインドの持ち方は非常に重要です。マインドがととのっていないと、他人と自分を比べたり、収入の数字に振り回されたりして、疲れを感じる時期が訪れるでしょう。

そんなときは、これからお伝えする考え方にマインドを切り替えてみてください。ポジティブな気持ちに戻ることができれば、Ｗｅｂライターの仕事をつづけるモチベーションもわいてくると思います。

最初からできなくて当たり前。つづけると成果が出る

Webライターは、最初が一番大変な仕事です。仕事に応募しても受注できない。受注してもうまく記事を書けない。書けたとしても赤字の修正だらけ。無事納品しても、時間がかかりすぎたために時給に換算すると100円以下……なんてケースも。それなら別の仕事をしたほうがいいレベルですよね。

でも、Webライターの仕事は、つづけるほど楽になっていきます。理由は次の通りです。

- 執筆スピードが速くなる
- 受注できる提案文の書き方がわかってくる
- レギュレーションが頭に入った状態になる
- リサーチのコツがつかめてくる

- 記名記事などの実績ができる
- ライティングスキルが身につく

記事を書きつづければ、このような状態になれます。つまり、やめなければＷｅｂライターとしてどんどんステップアップできるのです。

最初のうちは仕事を受注できなくて当たり前。書けなくて当たり前。時給数百円も当たり前です。みんな最初はそうなので、まずは目の前にある大きな山を登り切りましょう。１つ山を越えると、見える景色は大きく変わるはずです。

長期視点でコツコツ成果を上げていくのがライターの仕事

ネットで調べると「Ｗｅｂライターになって数か月で会社員のとき以上の収入を得られるようになり、今では独立しました！」という人がたくさん出てきます。この人たちが嘘をついているとは思いませんが、「数か月で」会社員のとき以上の収入を得るのはかなりハードルが高いと感じます。

昔のわたしも同じ目標を掲げてWebライターになり、すぐに断念しました。数か月で会社員のとき以上の収入を稼ぐ未来なんて、まったく想像できなかったからです。そこから「月1~2万円でもいいから、少しずつ収入を増やしていこう」と考えを改めて、1年後にようやく会社員の頃と同じくらいの金額を稼げるようになりました。Webライターをはじめるなら、「1年かけて本業にする」くらいの長期視点がちょうどいいと思います。

短期間で成果を出せる人は、それなりの背景や理由を持っています。わたしのまわりですぐに成果を出している人には、次ページのような特徴がありました。でも、そこまで作業量をこなせない人や、スキルを持ち合わせていない人が多いのではないでしょうか。

- 朝起きたら5分後にはパソコンをひらいて作業する
- 感情をはさまずに毎日30件新規営業する
- もともとブログを書いていたので記事の執筆に慣れている

仕事をはじめたばかりの頃は、すぐに収入を得たい気持ちでいっぱいだと思います。でも、短期間で成果を出せる人はごくわずかです。そんなときは、少し視野を広げて長期目線を意識してみてください。「すぐに結果を出したいのに！」と思う方もいるかもしれませんが、長い人生のなかのたった1年がんばるだけで、見える世界が変わるはずです。

Webライターの仕事で得られる資産はお金だけじゃない

Webライターの仕事は成果報酬型が多いため、月によって収入額が変わります。収入が安定しないと不安になり、数字に振り回されて気分が落ち込む日もあるでしょう。収入が下がると、一気に不安が押し寄せてくると思います。

そんなときは、「お金以外に得られたもの」に目を向けてみてください。たとえば、たくさん記事を書いてきたから、ライティングのスキルが身についた。会社員のときはこれといったスキルはなかったけれど、今では「ライティングが得意です」と胸を張っていえる。このように思えるだけでも、素晴らしいことですよね。

その他にも、信頼できるクライアントや、悩みを相談できるライター・フリーランスの仲間の存在も財産です。仮に何かしらの事情で仕事ができなくなったとしても、大事な人達との関係は消えません。本当に大切な間柄なら、今後も仕事の相談をしたりプライベートでご飯に行ったりと、関係はつづくと思います。

このように、Webライターの仕事で得られる資産はお金だけではありません。仕事を通して得たスキルや人脈も資産のうちです。もしみなさんが数字を見て落ち込んだら、お金以外に得たものにも目を向けてみてください。

他人と比較しない。比べるのは過去の自分

Ｗｅｂライターの活動をがんばっていると、他人と比較してしまう時期がくると思います。たとえばＳＮＳのタイムラインを見て、他のライターさんが「6か月で月20万円を達成しました！」と言っていたら……「自分はもう9か月目なのに、あとからスタートした人に先を越されてる。やっぱり向いてないのかな」なんて感じるかもしれません。

これはほんの一例で、人と比べはじめるとキリがありません。特にＳＮＳでは他の人の成果報告を見る機会が多く、どうしても比較してしまうものです。わたし自身も、他人と自分を比べて自己嫌悪に陥ったことは数えきれないほどあります。でも、他人と自分を比べても意味がありません。家庭環境やもともと持っているスキル、考え方、仕事の稼働状況など、異なる要素が多すぎるからです。

たとえば、同じ年齢の女性のＷｅｂライターでも、2人の小さな子どもを育てるＡさ

んと、子どもがいないBさん。この2人を比べたら、後者のほうが仕事の時間をたくさん取れるはず。仕事をする時間をたくさん取れる人のほうが、成果は出やすくなるでしょう。

これはWebライターに限った話ではありませんが、比べるべきは過去の自分です。前月の自分より少しでも成長できた。去年の自分と比べると新しいスキルが定着した。そう思えれば十分です！　人と比べそうになったら「比較対象は過去の自分だ」と思い出してみてください。

疲れたときは「振り返り時間」を設ける

これまでたくさんのWebライターに会ってきて、多くの人に共通して「がんばり屋さんだな」という印象を受けました。みなさんまじめな性格で、たくさん作業をしている方ばかりです。

でも、裏を返すとがんばりすぎて疲れてしまう人が多い、とも言えます。Webライターになったあとも働きすぎて体調を崩した方や、心の病気になった方も見てきました。わたしも自分のケアをするのが苦手なタイプで、気づくとなんだか体調が悪い。でも時すでに遅し！　発熱して数日間寝込む……という経験はしばしばあります。

そうならないためには「振り返り」を設ける時間が大事だと思います。がんばりすぎて疲れたときは、いったん立ち止まってやってきたことを振り返るのです。たとえば、月末になったら、その月にこなしてきた仕事を振り返ってもいいでしょう。記事を何本書いた。ライティングの本を読んだ。作業時間はこのくらいだったなど、内容はどんなものでもOKです。

このように振り返りの時間を設けると「自分はがんばったな！」と思えて、少し心に余裕が生まれます。今までのチャレンジを可視化する行為は、自己肯定感を上げる効果もあるのでおすすめです。

また、時間を置いて書いた内容を読み返すと「今月は少し働きすぎたかも。これ以上仕事を受けると体調を崩すかもな」など、俯瞰して自分を見ることもできます。

毎月の振り返りの他にも「最近あったいいことリスト」をつくるのもおすすめです。おいしいカレーがつくれた。記事をいつもより早く書けた。新しいマウスが届いて嬉しかった。このような、小さな出来事で構いません。思いつくままに、最近あった幸せな出来事を書き出してみましょう。そうすると、

心が温かくなって満たされる気持ちになります。

がんばりすぎて疲れたときは、いったん立ち止まる。そして最近のよかったことを振り返りましょう。そうすると気持ちに余裕が生まれ、自分の心身の状態を俯瞰して見られるようになります。仕事をしてがんばったあとは、自分を癒す時間の確保も忘れないでくださいね。

疲弊する仕事は無理につづけなくてOK

いろいろな仕事を受けると、なかには疲れる仕事もあると思います。消耗すると感じるのなら、その仕事は無理してつづけなくても大丈夫です。

たとえば以前取引していた企業の担当者さんが、Ｗｅｂライターに対してかなり高圧的なフィードバックをされていました。人間性を否定されたり、傷つくような言葉をかけられたりしたときは、我慢せずにその相手から離れてください。Ｗｅｂライターの仕事はオンラインなので、お互いの顔が見えないがゆえに、相手の気持ちを考えずストレートな言葉を使う人もいます。みなさんの心の平和を守るためにも、疲弊する仕事を無理につづける必要はないのです。

もちろん、すべてのクライアントが高圧的なわけではありません。「Ｗｅｂライターと一緒に成果を出す」というマインドでお付き合いしてくれる方も必ずいます。親身になってやり取りしてくれる方や、時間を取って相談に乗ってくれる方、記事に対してこまかなフィードバックをくれる方もいます。

もしみなさんのまわりにそんなクライアントがいないとしても、まだ出会っていないだけです。一緒に成果を伸ばそうとしてくれる人に出会いたい。そんな間柄になれる人を見つけるんだ！　と思いながら仕事をすれば、いい関係を築ける相手は必ず見つかります。

「今の自分にできる仕事」をこなしてキャリアを築こう

Ｗｅｂライターが SEO記事を書く時代は、終わりに近づきつつあるのかもしれません。ＡＩが台頭して目まぐるしくＷｅｂの世界が変化するなかで、次にどうするかを考える必要が出てきています。

最近、まわりのライターさんから「次は何をすればいいと思いますか？」「ゆらりさんのキャリアビジョンは？」と聞かれる機会が増えました。答えは今も模索中ですが、「今の自分にできる仕事を１つずつこなしていくのが、キャリアを築く近道だ」と考えています。できるのなら「次は取材ライターになる」など、明確な目標を持つほうがいいと思います。１つの分野に特化してもいいですし、複数の専門領域をかけ合わせてもいいでしょう。

今のところ、わたしは明確なキャリアビジョンを描けていません。「次はＩＴ系ライターになる！」「Kindleを編集するライターになる！」と目標を掲げたときもありました。でも結局そのときどきで興味がある仕事に手を伸ばし、これといった肩書や得意ジャンルを持たないまま、ライター15年目に突入してしまいました。ですが、目の前にある仕事を全力でこなしてきたから、それらしきキャリアを形成できたように思います。

得意ジャンルやこれといった肩書がないのは、今でも少しコンプレックスです。でも何年か仕事をつづけたら、自分の文章を褒めてくれる人に出会えました。発信内容を見てくれた方から、仕事をいただけるようになりました。

だから、みなさんも特にキャリアビジョンがなくても大丈夫です。次に何をやりたいかわからなくても問題ありません。今できる仕事を1つずつこなしていくことが、キャリアを築く一歩になると思います。

Ｗｅｂライターは最強の好循環を生む仕事

ある人が「Ｗｅｂライターの仕事なんて楽しくないでしょ？」とおっしゃっていました。「誰かから依頼を受けて記事を書くのではなく、自分で書きたい記事を書けばいいのに」と思っていたようです。ブログを書いている人だったので、Ｗｅｂライターが書く記事は面白みがないと感じたのかもしれません。

たしかにＷｅｂライターの書く記事はテーマや型が決まっていて、ときには個を殺して書く必要があります。ときには、相反する意見を持つクライアントの指示に従う姿勢も大切です。でも、わたしは「Ｗｅｂライターの仕事は最強の好循環を生む、やりがいのある仕事だ」と思っています。理由はいろいろありますが、大きく分けて2つあると考えています。

1つ目の理由は、Ｗｅｂライターの仕事をつづけると、知識やスキルをまわりに還元できるようになるから。

例として、少しわたしの話をさせてください。ライター2年目までのわたしは、ひたすら依頼された記事を書く「記事量産マシーン」でした。指示された内容に従って、たんたんと記事を書き提出する。修正の要望をもらったらその通りに直す。という具合に、メディアの運営に必要な1つの歯車にすぎませんでした。

でも年数を重ねていくうちに、新しい施策の提案など、積極的なコミュニケーションができるようになりました。それは「記事量産マシーン時代」を経て、売上をアップさせる方法や集客の仕方がだんだんわかってきたからです。

そこから積極的に打ち合わせをして、自分に貢献できそうなことを伝えると「ありがとう」と言っていただける回数が格段に増えました。今では、一から立ち上げる事業に携わり、アドバイザーやマーケターのような立ち回りもしています。

自分のスキルや知見をまわりに還元すると、仕事はどんどん楽しくなります。こうした経験をするにつれて、「Ｗｅｂライターってめちゃくちゃ楽しい仕事じゃん！」と思えるようになりました。

Ｗｅｂライターが最強の仕事であるもう1つの理由は、自分の「推し」について語れるからです。自分の趣味や好きな活動、好きな人について取り上げ、記事にできる。さらに書きながら新たな知識を得られて、もっと「推し」を好きになることが、Ｗｅｂライターの醍醐味でもあると思っています。

たとえば、以前旅行の記事を書いたときのこと。旅行全般の記事はとても楽しく、自分が訪れた場所を紹介して、現地で撮影した写真を掲載したらメディアの担当者の方に喜んでいただけました。

Webライターの仕事はつまらない、なんてことは決してありません。「推し」について記事を書いたら感謝の言葉をもらえる。原稿料もいただける。「推し」についてもっと深く学べる。たくさんの人に「推し」を知ってもらえる。いいことだらけですよね。だから、Webライターって最高の仕事じゃん！　とわたしは思うのです。

もしみなさんが仕事をするなかで苦しくなったときは、Webライターの楽しさに立ち返っていただきたいと思います。こんなに好循環を生める仕事には、なかなか出会えないのではないでしょうか。

Webライターの仕事を通して理想のライフスタイルを実現しよう

最後に、少し未来の話をしたいと思います。突然ですが、みなさんがWebライターになりたいと思ったきっかけはなんでしょうか？　在宅で仕事をしてみたいから？　会社をやめたいから？　ひとりでも生活できるようになりたいから？　このように、さまざまな理由があると思います。

Webライターの仕事をがんばると、おそらく最初の目標は達成できます。Webライターになって家で働けるようになった。会社をやめて、ひとりでも生きていける力が身についた。こんな状態になったら、達成感で心がいっぱいになるでしょう。

でも、最初の目標を達成して終わりではありません。その後も「イメージしていた働き方とちょっと違う」「ずっとこの仕事をして大丈夫だろうか？　将来のキャリアはどう描いたらいいの？」などの悩みが出てくるはず。

そんなときに考えたいのは、「理想のライフスタイル」です。Webライターになることは手段であり、1つの目標にすぎません。その奥には「こんな生活を送りたい」という思いがあるはずです。たとえば次のように、理想のライフスタイルをイメージしてみましょう。

- 在宅でゆるっと仕事をする
- 仕事をするのは1日6時間程度
- そのあとは運動したり、家のまわりを散歩したりして自然と触れ合う
- 夕方になったらご飯をつくりはじめて、夜は家族とまったりする
- 週3日休んで、趣味や家族との時間をたっぷりとる

ここにあげたのはざっくりした内容なので、もっと具体的にイメージしてみてもいいかもしれません。

ライフスタイルの理想がないと、気づかないうちに仕事の優先順位がどんどん上がってしまい、生活をおざなりにしてしまう可能性があります。そうならないためにも、今何をするべきかを考えましょう。

たとえば、理想のライフスタイルを考えた結果、「毎週水曜日と土曜日に休みたい」と思ったとします。でも、現

状2日に1回納期があって作業をしないといけないのなら、理想に近づくための工夫が必要ですよね。クライアントに納期の相談をしたり、本数の調整をしてもらったりしてもいいでしょう。

目の前の案件をつつがなく進行することはもちろん大切です。でも、もっと大切なのは、理想のライフスタイルの実現です。仕事ばっかりにならないために、こうした視点も持っておくことをおすすめします。理想の生活を思い描きながら仕事をすると、理想と実態のギャップが生まれるのを防ぐことができるでしょう。

7章のまとめ

7章では、スケジュール管理、税金、マインドの3つの話をしました。内容をおさらいしましょう。

時間・スケジュール管理のコツ

- 集中力をキープするのなら、25分作業・5分休憩を繰り返すポモドーロ・テクニックがおすすめ
- 時短するコツはいろいろ（音声入力アプリ、スマホの活用など）
- ツールを活用してスケジュールとタスク管理をする
- 適度に休んでリフレッシュする。マイルールを設けるのもおすすめ

Webライターが避けてとおれない税金の話

- Webライターの仕事は税金がかかる。条件に該当する場合は確定申告の準備をしよう
- 会計ソフトを使って作業を効率化しよう
- 事業用の銀行口座を開設しよう
- 知識がなくて不安なときは、お金のプロに頼るのがおすすめ

Webライターの仕事をつづけるマインド

- 最初からできなくて当たり前。つづけると成果が出る
- 長期視点でコツコツ成果を上げていくのがライターの仕事
- Webライターの仕事で得られる資産はお金だけじゃない
- 他人と比較しない。比べるのは過去の自分
- 疲れたときは「振り返り時間」を設ける
- 疲弊する仕事は無理につづけなくてOK

- 「今の自分にできる仕事」をこなしてキャリアを築こう
- Webライターは最強の好循環を生む仕事
- ライターの仕事を通して理想のライフスタイルを実現しよう

Webライターの仕事をスムーズに進めるには、時間の使い方を見直したり、税金対策を講じたりすることも大切です。それに加えてマインドも、仕事をつづけるためには重要だと感じます。わたし自身、何度もマインドがボロボロになりましたが、そのたびに先輩たちの言葉を思い出しながらここまでつづけられました。時間、税金、マインド。これらは、一見記事を書く仕事に関係なさそうに見えるかもしれませんが、意外と重要な部分です。今回紹介した内容が参考になれば幸いです。

おわりに -Postscript-

子どもの頃から、「他の人はできるのに自分にはできないこと」がたくさんあったように思います。食べるのが遅くて、給食の時間は毎日のように「早く食べなさい！」と怒られていました。朝起きるのが苦手で、幼稚園のときから数えきれないほど遅刻しました。どうしても算数ができなくて、机ごと廊下に出され、問題が解けるまで教室に入れてもらえませんでした。大人になるにつれて、なんとかこれらは問題なくできるようになりました。

それでも、まわりと比べて体力がなかったり、頻繁に体調を崩したりするのは大人になっても変わりません。熱を出すと何日も寝込んで会社を休むので、まわりにも迷惑がかかります。病院に行っても、熱が長引く原因はわかりませんでした。以前のわたしは「まわりの人はそんなことないのに、なぜ自分だけ体力がないんだろう。何とかして直さなくてはいけない」と思っていました。でも、適応障害と診断されたときに気づいたのです。「ダメな部分を直そうとしても、そう簡単には直らない。それなら別の働き方を探したほうがいいのでは？」と。

あれから約4年がたち、今は「できないことがたくさんあっても、それが自分なんだ」と考えています。今も食べるのは遅いし、朝起きられないし、体力はありません。計算も全然できません。でもそんな自分に合う働き方を見つけられたから、自分を肯定できています。

Webライターになって嬉しかった出来事はたくさんあります。会社をやめて、自分の力でお金を稼げるようになった。ライティングというスキルを得られた。時間と場所にとらわれずに働けるようになった。家族との時間をたくさん持てた。お客さんからありがとうと言ってもらえた。一生つづけたいと思える仕事に出会えた……。

でも、一番嬉しいのは「自分らしさ」を否定せずに、ありのままにすごせていることかもしれません。人と同じように働けなくても、自分をいかせる仕事がある。生まれ持った気質や体質に合わせて、まわりに価値を提供できる働き方がある。わたしにとっては、それが「Ｗｅｂライター」という仕事でした。昔の自分と同じような悩みを抱えている人に「こんな働き方があるんだよ」と伝えたい。そんな気持ちが発信の原動力です。みなさんにとって、本書が「新たな働き方を考えるきっかけ」になったらとても嬉しく思います。

なお、本文内ではわたしの持てるノウハウをできる限りたくさん紹介しました。もりもりな内容なので、一度読んだだけですべて覚えるのは難しいと思います。本書を手元に置いておき、必要なときに読み返して内容を落とし込んでいただけたら幸いです。

最後までお読みいただき、ありがとうございました。

ゆらり

プロフィール

ゆらり

1992年生まれ。大学卒業後にIT企業に入社し5年ほど勤務するも、HSP気質を持つことから心身のケアがうまくできず適応障害になる。会社員の働き方に限界を感じ、その後Webライターとして独立。現在は、出版社やWeb制作会社から業務委託という形で、Webコンテンツ制作、オンライン講師業などを請け負っている。
2021年に出版した電子書籍『1年以内に月20万円を達成する! マイペースにゆるく頑張りたい人向けの、Webライターとして稼ぐロードマップ』はAmazonのベストセラー入りを2年以上継続。未経験から独立した経験をもとに、ライターの仕事やフリーランスの働き方にまつわる発信活動もしている。

ホームページ ▶ https://yurarigurashi.com/
X ▶ https://x.com/yurarigurashi
Instagram ▶ https://www.instagram.com/yurarigurashi/
Voicy ▶ https://voicy.jp/channel/3592

カバーデザイン
喜來詩織（エントツ）

イラスト
高木ことみ

サンプル原稿監修
髙橋マキ

本文デザイン・DTP
リンクアップ

編集
大和田洋平

サポートページ
https://book.gihyo.jp/116

●お問い合わせについて

本書の内容に関するご質問は、下記の宛先までFAXまたは書面にてお送りください。なお電話によるご質問、および本書に記載されている内容以外の事柄に関するご質問にはお答えできかねます。あらかじめご了承ください。

〒162-0846
新宿区市谷左内町21-13
株式会社技術評論社　書籍編集部
「ゆるゆる稼げるWebライティングのお仕事 はじめかたBOOK」質問係
FAX番号　03-3513-6183

なお、ご質問の際に記載いただいた個人情報は、ご質問の返答以外の目的には使用いたしません。また、ご質問の返答後は速やかに破棄させていただきます。

ゆるゆる稼《かせ》げるWeb《ウェブ》ライティングのお仕事《しごと》 はじめかたBOOK《ブック》

2024年11月15日　初版　第1刷発行

著者……ゆらり
発行者……片岡　巌
発行所……株式会社技術評論社
東京都新宿区市谷左内町21-13
電話……03-3513-6150　販売促進部
03-3513-6166　書籍編集部
印刷／製本……昭和情報プロセス株式会社

ISBN978-4-297-14524-8 C3055

Printed in Japan